高等职业教育智能制造领域人才培养系列教材
浙江省高职院校"十四五"首批重点教材

智能制造装备电气安装与调试

翟志永 付 强 陈 兴 编著

机械工业出版社

本书以配置 FANUC 0i MF Plus 系统的加工中心、FANUC 工业机器人作为智能制造装备载体，以数控机床电气系统、PMC 程序调试、工业机器人在制造装备上的集成应用为主线，以项目作为内容组织方式，在每个项目中引入具体的工作任务，配备解决该任务必要的理论背景知识，并按步骤给出任务的实施过程，是一本融做、学、教于一体的教材。

本书共十二个项目，前十个项目涵盖了加工中心电气调试的完整内容，具体内容有智能制造装备组成与配置、数控系统综合连接、数控机床电气控制识图、机床刀库电路的设计与装调、数控机床参数设定、PMC 基本操作与功能应用、数控机床进给轴控制信号与程序设计、数控机床主轴控制信号与程序设计、数控机床辅助功能控制信号与程序设计、数控机床数据备份。在智能制造的大背景下，在项目十一和项目十二介绍了工业机器人在数控机床中自动上下料功能的集成应用。

本书可作为高等职业院校装备制造大类相关专业的教材，也可作为数控设备维护与维修职业技能等级、智能制造单元集成应用职业技能等级、数控机床安装与调试职业技能等级培训教材，还可作为国家职业技能标准—机床装调维修工项目培训教材，亦可以作为相关专业师生、工程技术人员自学或参考用书。

为方便教学，本书配套电子课件、电子教案及动画视频（二维码形式）资源，凡购买本书作为授课教材的教师可登录 www.cmpedu.com 注册并免费下载。

图书在版编目（CIP）数据

智能制造装备电气安装与调试 / 翟志永，付强，陈兴编著. —北京：机械工业出版社，2023.1（2023.7 重印）

高等职业教育智能制造领域人才培养系列教材

ISBN 978-7-111-72014-0

Ⅰ. ①智… Ⅱ. ①翟… ②付… ③陈… Ⅲ. ①智能制造系统 – 电气设备 – 设备安装 – 高等职业教育 – 教材 ②智能制造系统 – 电气设备 – 调试方法 – 高等职业教育 – 教材 Ⅳ. ① TH166

中国版本图书馆 CIP 数据核字（2022）第 212059 号

机械工业出版社（北京市百万庄大街 22 号　邮政编码 100037）

策划编辑：赵红梅　　　　　　　责任编辑：赵红梅　苑文环
责任校对：刘雅娜　张　征　　　封面设计：马若濛
责任印制：郜　敏

三河市骏杰印刷有限公司印刷

2023 年 7 月第 1 版第 2 次印刷

184mm×260mm・15.5 印张・336 千字

标准书号：ISBN 978-7-111-72014-0

定价：47.00 元

电话服务	网络服务
客服电话：010-88361066	机　工　官　网：www.cmpbook.com
010-88379833	机　工　官　博：weibo.com/cmp1952
010-68326294	金　书　网：www.golden-book.com
封底无防伪标均为盗版	机工教育服务网：www.cmpedu.com

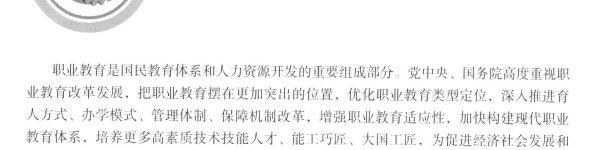
序

  职业教育是国民教育体系和人力资源开发的重要组成部分。党中央、国务院高度重视职业教育改革发展，把职业教育摆在更加突出的位置，优化职业教育类型定位，深入推进育人方式、办学模式、管理体制、保障机制改革，增强职业教育适应性，加快构建现代职业教育体系，培养更多高素质技术技能人才、能工巧匠、大国工匠，为促进经济社会发展和提高国家竞争力提供优质人才和技能支撑。

  《国家职业教育改革实施方案》（以下简称"职教20条"）的颁布实施是《中国教育现代化2035》的根本保证，是建设社会主义现代化强国的有力举措。"职教20条"提出了7方面20项政策举措，包括完善国家职业教育制度体系、构建职业教育国家标准、促进产教融合校企"双元"育人、建设多元办学格局、完善技术技能人才保障政策、加强职业教育办学质量督导评价、做好改革组织实施工作，被视为"办好新时代职业教育的顶层设计和施工蓝图"。职业教育的重要性也被提高到"没有职业教育现代化就没有教育现代化"的地位。

  2022年5月1日《中华人民共和国职业教育法》颁布并实施，再次强调"职业教育是与普通教育具有同等重要地位的教育类型"，是培养多样化人才、传承技术技能、促进就业创业的重要途径。

  "职教20条"要求专业目录五年一修订、每年调整一次。因此，教育部在2021年3月17日印发《职业教育专业目录（2021年）》（以下简称《目录》）。《目录》是职业教育的基础性教学指导文件，是职业教育国家教学标准体系和教师、教材、教法改革的龙头，是职业院校专业设置、用人单位选用毕业生的基本依据，也是职业教育支撑服务经济社会发展的重要观测点。

  《目录》不仅在强调人才培养定位、强化产业结构升级、突出重点技术领域、兼顾不同发展需求等方面做出了优化和调整，还面向产业发展趋势，充分考虑中高职贯通培养、高职扩招、面向社会承接培训、军民融合发展等需求。为服务国家战略性新兴产业发展，在9大重点领域设置对应的专业，如集成电路技术、生物信息技术、新能源材料应用技术、智能光电制造技术、智能制造装备技术、高速铁路动车组制造与维护、新能源汽车制造与检测、生态保护技术、海洋工程装备技术等专业。

  在装备制造大类的64个专业教学标准修（制）订中，"智能制造装备技术"专业课程体系的构建及其配套教学资源的研发是重点之一。该专业整合了机械、电气、软件等智能制造相关专业,是制造业领域急需人才的高端技术专业,是全国机械行业特色专业和教育部、财政部提升产业服务能力重点建设专业。"智能制造装备技术"专业课程体系的构建及其配套教学资源的建设由校企合作联合研发,在资源整合的基础上编写了《智能制造概论》《智能制造装备电气安装与调试》《智能制造装备机械安装与调试》《智能制造装备故障诊断与技术改造》系列化教材。

这套教材按照工作过程系统化的思路进行开发,全面贯彻党的教育方针,落实立德树人根本任务,服务高精尖产业结构,体现了"产教融合、校企合作、工学结合、知行合一"的职教特点。内容编排上利用企业实际案例,以工作过程为导向,结合形式多样的资源,在学生学习的同时,融入企业的真实工作场景;同时,融合了目前行业发展的新趋势以及实际岗位的新技术、新工艺、新流程,并将教育部举办的"全国职业院校技能大赛"以及其他相关技能大赛的内容要求融入教材内容中,以开阔学生视野,做到"岗、课、赛、证"教、学、做一体化。

工作过程系统化课程开发的宗旨是以就业为导向,伴随需求侧岗位能力不断发生变化,供给侧教学内容也不断发生变化,工作过程系统化课程开发同样伴随着技术的发展不断变化。工作过程系统化涉及"学习对象—学习内容"结构、"先有知识—先有经验"结构、"学习过程—行动过程"结构之间的关系,旨在回答工作过程系统化的课程"是否满足职业教育与应用型教育的应用性诉求?""是否能够关注人的发展,具备人本性意蕴?""是否具备由专家理论到教师实践的可操作性?"等问题。

殷切希望这套教材的出版能够促进职业院校教学质量的提升,能够成为体现校企合作成果的典范,从而为国家培养更多高水平的智能制造装备技术领域的技能型人才做出贡献!

姜大源
2022 年 6 月

前　言

　　科学技术日新月异，以大数据、云计算、人工智能等为代表的新一代智能制造技术不断获得创新突破，以智能制造技术为核心的产业逐渐成长起来，智能制造新业态的出现促使传统装备制造业与智能制造技术不断融合，加速了传统制造装备迈向智能制造装备的步伐，机床等传统装备制造业不断焕发新的生机与活力。

　　智能制造装备是指具有感知、分析、推理、决策、控制功能的制造装备，它是先进制造技术、信息技术和智能技术的集成和深度融合，以实现生产过程自动化、智能化、精密化、绿色化，带动工业整体技术水平不断提升。

　　机床是制造机器的机器，被称为"工业母机"，是现代工业发展的重要基石。数控机床是我国大力发展装备制造业的重点方向之一，属于装备制造业中的基础制造装备，本书以数控机床和工业机器人为智能制造装备载体，进行相关的讲解和论述。

　　20 世纪 80—90 年代，我国的数控技术尚处于起步阶段；2000—2014 年，数控技术快速普及，低端数控机床国产化进程加快；2015 年，国家全面推进实施制造强国战略，"高档数控机床和机器人"等 10 大领域被列为重点，中、高端数控机床国产化进程加快；2016 年，我国机床工业的产出数控化率和机床市场的消费数控化率均接近 80%，基本实现了机床产品的数控化升级。

　　在我国数控机床产业高速发展、数控机床保有量不断攀升及产业转型升级的大背景下，专业人才不足、技术基础薄弱等问题也逐渐显现，急需大批掌握数控机床调试、维修、改造与机器人系统集成的专业技术人员。本书结合产业对人才的能力需求，以项目化方式组织内容，编写了大量数控机床调试、工业机器人系统集成案例，覆盖了数控机床电气系统调试的主要内容。

　　为弘扬社会主义核心价值观，体现科教兴国的爱国情怀，书中配有延伸阅读材料二维码链接；为方便教师教学、学生自学及创新能力培养，每章配有思考和练习题，以及教学 PPT、动画和视频等教学资源。

　　本书由宁波职业技术学院与亚龙智能装备集团股份有限公司校企合作开发，由多位国家示范高职院校和国家"双高计划"立项建设高校的教授与从事数控机床行业的工程技术人员共同编写而成。

本书由宁波职业技术学院翟志永、亚龙智能装备集团股份有限公司付强、海天塑机集团有限公司陈兴编著，亚龙智能装备集团股份有限公司吕洋、曾庆炜、吴汉锋、沈阳职业技术学院王素艳、宁波职业技术学院孟凯提供了技术支持及课程资源制作，亚龙智能装备集团股份有限公司潘一雷、张豪、李岩为本书提供了大量资料。在本书编写过程中，芜湖职业技术学院朱强、武汉船舶职业技术学院周兰提出了很多宝贵的意见，在此一并表示诚挚的感谢！

由于编者对智能制造装备、数控机床、工业机器人及其新知识、新工艺理解和认识的局限，书中疏漏之处在所难免，恳请广大读者批评指正。

编　者

二维码索引

页码	名称	二维码	页码	名称	二维码
1	智能制造装备的一般组成		89	软、硬限位的设置与调整	
4	数控机床基本配置		93	PMC 信号介绍	
14	数控系统综合连接		97	I/O 地址设定	
22	伺服驱动硬件连接		106	PMC 设定功能及其应用	
27	原理图识读		113	PMC 信号诊断、强制与跟踪	
44	数控机床总电源保护		122	梯形图信号的搜索与编辑	
49	数控机床电路测量		131	手动进给程序设计与调试	
54	电气设备功能说明		139	手动快进程序设计与调试	
62	机床刀库电路的设计与装调 1		141	手轮功能程序设计与调试	
69	机床刀库电路的设计与装调 2		146	数控机床主轴控制信号与程序设计 1	
73	基本参数设定		148	数控机床主轴控制信号与程序设计 2	
76	伺服参数设定		154	数控机床工作方式程序设计与调试 1	
83	主轴参数设定		158	数控机床工作方式程序设计与调试 2	

（续）

页码	名称	二维码	页码	名称	二维码
162	单段功能程序设计与调试		1	延伸阅读	
163	冷却功能程序设计与调试		14	延伸阅读	
170	斗笠式刀库程序设计与调试		27	延伸阅读	
183	系统全数据备份		62	延伸阅读	
187	在BOOT界面下备份全部数据		73	延伸阅读	
191	系统数据的分别备份		93	延伸阅读	
202	工业机器人概述		131	延伸阅读	
206	示教器使用		145	延伸阅读	
213	工业机器人坐标系		154	延伸阅读	
220	机床上下料搬运系统构成		183	延伸阅读	
223	机床上下料流程		202	延伸阅读	
			220	延伸阅读	

目 录

序
前言
二维码索引

项目一 智能制造装备组成与配置 1
  任务一 智能制造装备的一般组成 1
  任务二 数控机床基本配置 4

项目二 数控系统综合连接 14
  任务一 数控系统典型部件功能及接口认识 14
  任务二 数控系统硬件连接 20
  任务三 伺服驱动硬件连接 22

项目三 数控机床电气控制识图 27
  任务一 电气原理图的识读 27
  任务二 数控机床总电源保护 44
  任务三 数控机床电路测量 49
  任务四 数控机床电气设备功能说明 54

项目四 机床刀库电路的设计与装调 62
  任务一 刀库电路图样分析与识读 62
  任务二 电气元器件的选用 66
  任务三 刀库电路的连接 69
  任务四 刀库电路的调试 71

项目五 数控机床参数设定 73
  任务一 基本参数设定 73
  任务二 伺服参数设定 76
  任务三 主轴参数设定 83
  任务四 软、硬限位的设置与调整 89

项目六 PMC 基本操作与功能应用 93
  任务一 PMC 信号介绍 93
  任务二 I/O 地址设定 97
  任务三 PMC 设定功能及其应用 106
  任务四 PMC 信号诊断、强制与追踪 113
  任务五 梯形图信号的搜索与编辑 122

项目七 数控机床进给轴控制信号与程序设计 131
  任务一 手动进给程序的设计与调试 131
  任务二 进给倍率程序的设计与调试 136
  任务三 手动快进程序的设计与调试 139
  任务四 手轮功能程序的设计与调试 141

项目八 数控机床主轴控制信号与程序设计 145
  任务一 主轴速度控制程序的设计与调试 146
  任务二 主轴定向控制程序的设计与调试 148

任务三 刚性攻丝控制程序的设计与调试.............150

项目九 数控机床辅助功能控制信号与程序设计.............154

 任务一 数控机床工作方式程序的设计与调试.............154

 任务二 数控机床安全保护功能程序的设计与调试.............158

 任务三 数控机床自动运转程序的设计与调试.............160

 任务四 单段功能程序的设计与调试.............162

 任务五 冷却功能程序的设计与调试.............163

 任务六 润滑功能程序的设计与调试.............167

 任务七 斗笠式刀库程序的设计与调试.............170

项目十 数控机床数据备份.............183

 任务一 系统全数据备份.............183

 任务二 在BOOT界面下备份全部数据...187

 任务三 系统数据的分别备份.............191

项目十一 工业机器人基础应用.............202

 任务一 工业机器人系统构成.............202

 任务二 示教器使用.............206

 任务三 工业机器人坐标系.............213

项目十二 工业机器人自动上下料搬运.............220

 任务一 机床上下料搬运系统的构成.............220

 任务二 机床上下料的流程.............223

参考文献.............238

项目一

智能制造装备组成与配置

项目引入

机床数控技术在智能制造业中应用领域广、发展空间大,应用该技术有利于提升企业的生产效率,提高产品的加工质量,助力智能制造发展,推动制造业转型升级。

数控机床主要由机床本体、CNC 单元、输入/输出设备、伺服单元、主轴单元、可编程控制器、测量反馈装置等组成。数控机床在加工过程中难免会出现故障,了解常见机床的组成,有助于维修人员更精准地对数控机床的故障进行诊断,从而更加快速地排除故障。

项目目标

1. 了解智能制造装备的一般组成。
2. 掌握数控机床的基本组成。
3. 了解 YL-569 型智能制造生产线装备的基本配置。

延伸阅读

延伸阅读

推动高档数控机床发展。

任务一 智能制造装备的一般组成

智能制造装备的一般组成

重点和难点

智能制造装备的整合与运用。

相关知识

一、智能制造装备的组成

YL-569 型智能制造生产线装备(以下简称"YL-569")如图 1-1-1 所示。

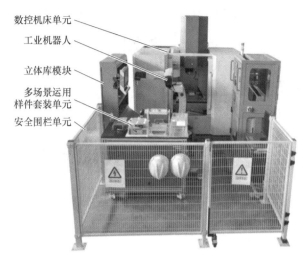

图 1-1-1 YL-569 型智能制造生产线装备

1. 数控机床单元

数控机床单元由数控加工中心单元与数控机床电气控制单元组成。其中，数控加工中心单元由立式数控加工中心光机单元、刀库单元、加工中心主轴单元、润滑单元、打刀缸单元、防护装置等组成。数控机床电气控制单元由控制台、数控系统单元、伺服进给单元、机床控制电路单元、变压器单元、PLC 单元等组成。

随着"中国制造 2025"的深入实施，制造业重点领域智能化水平显著提升，机械产品的形状和结构不断创新，加工要求越来越高，这对数控机床提出了更高要求：加快高档数控系统、伺服电机、轴承、光栅等主要功能部件及关键应用软件的研发，把高精度、高速度、高柔性、高可靠性、集成复合化、智能网络化作为未来数控机床的发展趋势。

2. 工业机器人

工业机器人单元具有可编程、拟人化、通用、学科广泛等特点。它集精密化、柔性化、智能化、软件应用开发等先进制造技术于一体，通过对工作过程实施检测、控制、优化、调度、管理和决策，可增加产量、提高质量、降低成本、减少资源消耗和环境污染，是工业自动化高水平的体现。工业机器人主要由本体、驱动系统和控制系统三个基本部分组成。本体即机座和执行机构，包括臂部、腕部和手部；驱动系统包括动力装置和传动机构，使执行机构产生相应的动作；控制系统是按照输入的程序对驱动系统和执行机构发出指令信号，并进行控制，配有手爪与传感器等。

随着科技的快速发展，机器人代替人工作业逐步进入不同行业。在工业机器人自动化生产中，数控技术也有着出色表现，例如，在汽车制造过程中，工业机器人与数控技术有机结合，实现了零部件制造、自动焊接、自动组装，改变了传统的汽车生产环境，提高了生产效率和产品质量，减少现场工作人员数量，节约了企业生产成本。

3. 立体库模块

立体库模块采用三层设计，每层设有 4 个库位，可以分别存放毛坯材料和成品工件，每个工件位置安装有传感器，用于检测是否有物料，还安装有视觉检测模块、快换工具模块。左侧视觉检测模块由工业视觉系统、视觉显示器、视觉光源、固定底板等组成，可检测零件的形状、颜色、坐标（$X/Y/Z$）等信息，通过以太网和模拟量通道将检测结果发送给工业机器人，配合工业机器人末端夹具对样件进行分拣定位抓取。右侧下方为快换工具模块，该模块主要由快换支架、检测传感器等组成。针对不同的目标和操作对象，提供多种不同的快换工具，放置到带有定位和检测功能的快换支架上，可根据不同的需求增加快换工具的种类和数量。YL-569立体库模块如图1-1-2所示。

4. 多场景运用样件套装单元

多场景运用样件套装单元包含多种样件套件，适合工业机器人在各种不同应用场景下的使用。该单元的多种样件套件还能根据具体要求进行单独或组合使用。YL-569多场景运用样件套装单元如图1-1-3所示。

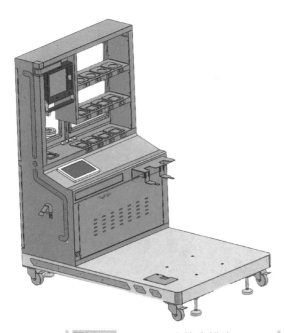
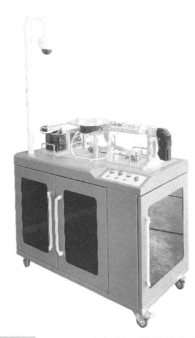

图 1-1-2　YL-569立体库模块　　　　图 1-1-3　YL-569多场景运用样件套装单元

5. 安全围栏单元

安全围栏单元由安全网和立柱组成，配有活动门，用于人员进出。将智能制造设备放置于围栏内，以符合智能化工厂的安全生产规范。

二、智能制造设备的整合

数控机床由操作人员直接操作时，尚不能称为智能设备，因其生产节拍高度依赖于操作者，操作者在加工中需要执行的工序有上下料、尺寸检测、缺陷检测等，人工操作无法保证不出偏差，而加入其他智能设备则可以尽可能地减少差错。

使用工业机器人和快换夹具可以实现不同尺寸、不同类型工件的搬运，配合机床侧的工装夹具可实现工件的准确定位，相比人工上料，可以大大降低其重复定位误差。在加工完成后，工业相机可以进行成品件的缺陷检测，经过视觉标定后，还可进行尺寸测量，最后通过机器人对不合格件进行分拣，工业视觉系统如图1-1-4所示。

通过立体库中的传感器对库位状态进行监测，机器人通过库位状态决定是否进行抓取物料与放置成品。

安全围栏仅仅作为人与机器人之间的物理隔离依然是不够安全的，在安全围栏上安装门锁，通过门锁控制机器人的安全围栏信号。当机器人在自动运行状态下，打开围栏上的门锁，机器人立即停止运行；当门锁打开时，机器人无法进入自动运行。

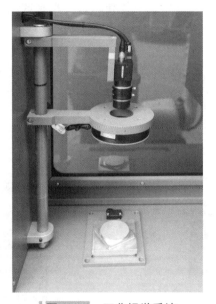

图 1-1-4　工业视觉系统

任务二　数控机床基本配置

数控机床基本配置

重点和难点

1. 分清机床各部件哪些是由数控系统厂家提供的标准产品，哪些是由机床厂家提供的。
2. 机床各部件选型的依据。

相关知识

一、数控机床的组成

数控机床一般由数控机床本体和电气控制柜两个部分组成，如图1-2-1所示。

项目 一 智能制造装备组成与配置

a) 数控机床　　　　　　　　　　　b) 数控机床电气控制柜

图 1-2-1　YL-569 数控机床升级与改造设备

1. 机床本体

数控机床本体由主传动装置、进给传动装置、床身、防护罩、气动系统、润滑系统、冷却装置、换刀装置等组成，相比于传统机床，各个系统的工作可通过软件程序实现自动控制。图 1-2-2 所示为 YL-569 数控机床的外观图。

图 1-2-2　YL-569 数控机床

1）主传动装置：如图 1-2-3 所示，动力单元为主轴电机，通过传动单元（同步带）向执

5

行单元（主轴）传递动力，以实现主轴的无级调速。

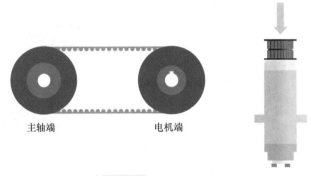

图 1-2-3 主传动装置

主轴端　　　电机端

2）进给传动装置：动力单元为伺服电机，通过传动单元（联轴器、滚珠丝杠、导轨）带动执行单元（工作台），以实现工件的移动。

3）床身：通常为铸件，是机床的承载平台，含床身、底座、立柱、滑座、工作台等。它是支承机械零部件和组件的本体，并保证这些零部件在切削过程中的精确定位。

4）防护罩：避免切削液或铁屑飞溅出机床，同时可以阻止工件或刀具意外甩出，以保护机床操作者。

5）气动系统：外部的压缩空气经过机床内的气源调节装置（见图 1-2-4）连接到电磁阀，分配给刀库、打刀缸、气枪使用。在气源调节装置上装有压力检测装置，用于压力异常时产生报警，提醒用户。

图 1-2-4 气源调节装置

6）润滑系统：机床背面带有润滑系统，控制润滑泵（见图 1-2-5）工作，输送定量油剂，充满系统主油管路，通过容积式油路分配器对机床各个位置进行润滑，以达到防锈、防摩擦、降温冷却的目的。

项目一 智能制造装备组成与配置

图 1-2-5　润滑泵

7）冷却装置：通过冷却泵抽取冷却水箱（见图 1-2-6）中的切削液，带走金属切削中产生的热量，避免火花飞溅、刀具发热、工件崩裂等现象。

图 1-2-6　冷却水箱

8）换刀装置：机床使用斗笠式刀库，在刀盘中可储备多把刀具，配合打刀缸，可根据程序执行自动换刀，完成不同的加工需求。斗笠式刀库与打刀缸如图 1-2-7 所示。

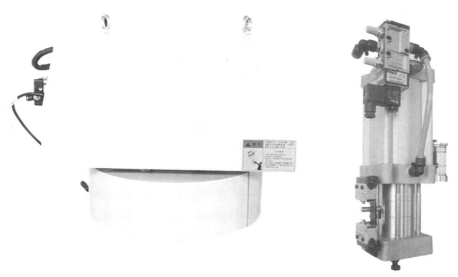

图 1-2-7　斗笠式刀库与打刀缸

2. 电气控制柜

电气控制柜外观如图 1-2-8 所示。

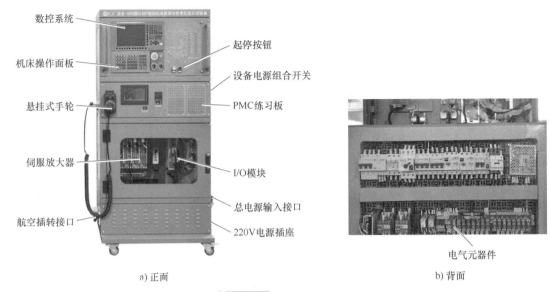

图 1-2-8 电气控制柜

1）悬挂式手轮：使机床操作者远离操作面板时也能以各种倍率移动机床的各个伺服轴，以便于工件的对中，如图 1-2-9 所示。

图 1-2-9 悬挂式手轮

2）机床操作面板：机床操作者可通过操作面板直接控制机床，如工作方式切换、伺服轴移动、辅助功能使用等，如图 1-2-10 所示。

图 1-2-10　机床操作面板

3）数控系统（CNC）：它集成了 PMC（可编程机床控制器）、伺服轴卡，数控功能都在该装置上完成，如图 1-2-11 所示。

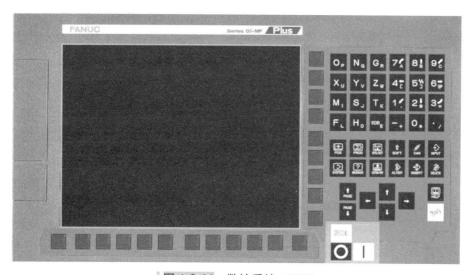

图 1-2-11　数控系统（CNC）

4）起停按钮：由按钮控制 CNC 的通电与断电，如图 1-1-12 所示。

图 1-2-12　起动与停止按钮

5）设备电源组合开关：可接通和断开机床总电源，如图 1-2-13 所示。

图 1-2-13　设备电源组合开关

6）PMC 练习板：通过大量的输入、输出信号学习 PMC 的逻辑控制，如图 1-2-14 所示。

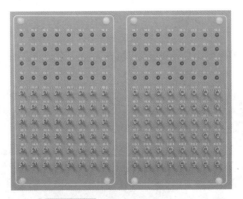

图 1-2-14　PMC 练习板

7）I/O 模块：实现对外部输入信号的采集以及输出控制信号，信号由数控系统的 PMC 单元进行逻辑处理，如图 1-2-15 所示。

8）总电源输入接口：可输入三相五线制 AC 380V 电源，如图 1-2-16 所示。

图 1-2-15　I/O 模块

图 1-2-16　总电源输入接口

9）220V 电源插座：提供单相交流 220V 电源，如图 1-2-17 所示。

图 1-2-17　220V 电源插座

10）航空插转接口：连接机床本体后，可由电气控制柜控制机床本体中的电机、电磁阀等元器件，如图 1-2-18 所示。

图 1-2-18　航空插转接口

11）伺服放大器：位于电气控制柜的内部，是数控机床伺服轴与伺服主轴得以运行的基础，如图 1-2-19 所示。

图 1-2-19　伺服放大器

12）电气元器件：位于电气控制柜的背面，包含机床中的所有电气元器件，如断路器、熔断器、交流接触器、继电器、分线器等，是数控机床与各类辅助功能得以运行的基础。

二、技术参数

YL-569 数控机床的主要参数如下。

1）电源：三相五线制 AC 380V（1±10%），50Hz。

2）数控控制台尺寸：长 × 宽 × 高 =960mm × 800mm × 1720mm。

3）整机功率：≤10kW。

4）漏电保护：漏电动作电流≤30mA。

5）断相自动保护。

三、装备配置

YL-569 数控机床的主要配置见表 1-2-1。

表 1-2-1　YL-569 数控机床主要配置

序号	名称	规格	数量	备注
1	数控系统	0i MF Plus	1 套	
2	操作面板	矩阵式	1 套	
3	伺服系统	αiPS 电源	1 套	
		X/Y 轴 αiSV20-B	1 套	
		Z 轴 αiSV20-B	1 套	
		主轴 αiSP5.5-B	1 套	
4	电机	X/Y 轴 βiSc 12/3000	2 台	
		Z 轴 βiSc 22/3000	1 台	
		主轴 βiI3/10000	1 台	
5	手轮	手持式	1 套	
6	电气元器件	漏电保护器、断路器、接触器、继电器、信号灯、变压器、开关电源、按钮、开关等	1 套	
7	电控柜	960mm × 800mm × 1720mm	1 台	
8	加工中心	加工中心光机、斗笠式刀库、Z 轴光栅（选配）、工作台防护、废料收集、冷却系统、润滑、气动元件、空压机等	1 台	X 轴行程：≥600mm Y 轴行程：≥400mm Z 轴行程：≥420mm 工作台面积：≥420mm × 700mm 工作台承重：300kg T 形槽（槽 × 宽 × 中心距）：≥3 × 18mm × 125mm 主轴转速：12000r/min 刀具容量：12 把 主轴锥孔 / 安装尺寸：BT40/φ120mm 三轴快移速度（m/min）：48、48、48 光栅长度：≤400mm
9	资料	机床说明书、机床检验报告、刀库说明书等	1 套	

项目一 智能制造装备组成与配置

项目评价

项目一评价表

验收项目及要求		配分	配分标准	扣分	得分	备注
装备认知	1.说出智能制造装备的一般组成 2.说出数控机床的基本组成	50	每说错一处扣5分			
装备功能	1.说出智能制造装备组成部件的功能 2.说出数控机床各功能部件的作用	50	每说错一处扣5分			
时间	1h					

项目测评

1. 智能制造装备应用于哪些领域？
2. 加工中心机床的核心机械部件有哪些？
3. 加工中心机床的核心电控部件有哪些？
4. 数控机床配置的高低可从哪几个方面进行评判？

项目二 数控系统综合连接

项目引入

数控系统是数控机床的控制核心，狭义的数控系统单指 CNC 单元，广义的数控系统由 CNC 单元、主轴伺服单元、进给伺服单元、I/O 模块等组成。掌握 CNC 单元的各个接口功能及其与主轴伺服单元、进给伺服单元、I/O 单元的连接关系，是学习数控机床电气连接与调试的关键。

项目目标

1. 了解数控系统各部件的功能及部件接口定义。
2. 掌握数控系统的硬件连接。
3. 掌握伺服驱动的硬件连接。

延伸阅读

勇攀科技高峰，科技报国。

延伸阅读

任务一 数控系统典型部件功能及接口认识

重点和难点

1. 运用所学知识进行伺服系统的连接。
2. 运用所学知识进行 I/O 系统的连接。

数控系统综合连接

相关知识

一、数控系统功能及接口定义

数控系统是数字控制系统的简称，是根据计算机存储器中存储的控制程序执行部分或全

项目 二 数控系统综合连接

部数值控制功能，并配有接口电路和伺服驱动装置的专用计算机系统，简称 CNC。通过由数字、文字和符号组成的数字指令来实现一台或多台机械设备的动作控制，被控量通常是位置、角度、速度、动作起停等模拟量和开关量。

数控系统及相关自动化产品主要是为数控机床配套。数控机床是一种将数控系统为代表的新技术应用于传统机床上而形成的机电一体化产品。数控系统作为数控机床的控制核心，大大提高了零件加工的精度、速度和效率。数控机床作为工业母机，是国家工业现代化的重要物质基础。

图 2-1-1 是数控系统的外观构成，在数控系统的正面有 LCD 屏、MDI 面板、软键开关，以及存储卡接口和 USB 接口，表 2-1-1 是系统各接口及其功能。

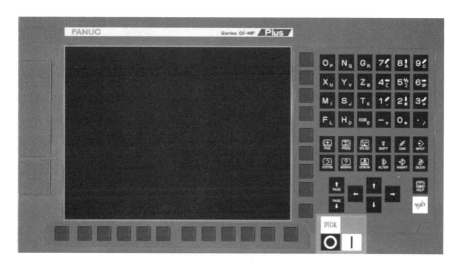

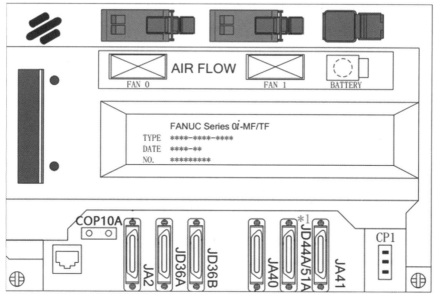

图 2-1-1　FANUC Series 0*i*-MF/TF Plus 系统外观

表 2-1-1 FANUC Series 0*i*-MF/TF Plus 系统各接口及其功能

接口	接口用途
COP10A	伺服 FSSB 总线接口，此口为光缆口
CD38A	以太网接口
JA2	系统 MDI 键盘接口
JD36A/JD36B	RS-232-C 串行接口 1/2
JA40	模拟主轴信号接口/高速跳转信号接口
JD51A/JD44A	I/O link i 总线接口
JA41	串行主轴接口/主轴独立编码器接口
CP1	系统电源输入（DC 24V）

二、伺服系统功能及接口定义

图 2-1-2 是常见数控设备的 αi-B 型伺服放大器，它由电源模块、主轴模块、伺服模块共同组成，表 2-1-2 是 αi-B 放大器接口及其功能。

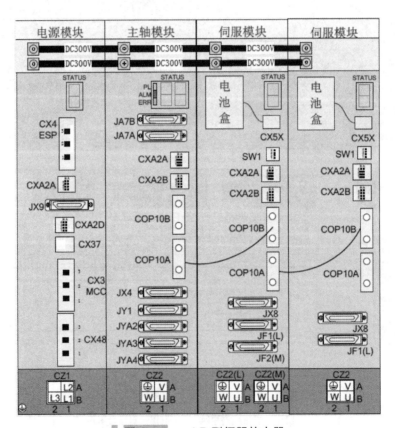

图 2-1-2　αi-B 型伺服放大器

表 2-1-2　αi-B 放大器接口及其功能

接口	接口用途
STATUS	状态指示灯
CZ1	三相 AC 220V 电源输入
CX48	AC 220V 电源相序检测（与 L1、L2、L3 对应）
CX3	主电源 MCC 控制信号的连接
CX4	外部急停信号的连接
CX37	内置断电检测接口/重力轴断电检测接口，可有效防止重力轴下落
CXA2D	控制电源接口，电压为 DC 24V
CXA2A	跨接电缆接入口，电压为 DC 24V
CXA2B	跨接电缆接出口，电压为 DC 24V
COP10A/ COP10B	伺服 FSSB 光缆接口
CX5X	绝对位置编码器用电池插头
CZ2（主轴模块）	主轴模块伺服电机动力线
JA7B	串行主轴输入接口/主轴独立编码器接口
JA7A	串行主轴输出接口/主轴独立编码器接口
JYA2	主轴电机编码器接口
JYA3	主轴位置编码器接口
JF1（X 轴模块）	编码器的连接：L 轴
JF2（M）	编码器的连接：M 轴
CZ2（L）	伺服电机动力线：L 轴
CZ2（M）	伺服电机动力线：M 轴
JF1（Z 轴模块）	编码器的连接：N 轴
CZ2（Z 轴模块）	单轴模块伺服电机动力线：N 轴
⏚	保护接地端子

1. 电源模块

电源模块用于将输入的 AC 220V 电源整流成 DC 300V 供给主轴模块和伺服模块。

2. 主轴模块

主轴模块用于连接主轴电机，输出动力电源控制主轴电机运动，并接收来自主轴电机编码器反馈的速度与位置数据。因此，主轴电机需要连接电机动力线和电机编码线到伺服放大器才可正常工作。

3. 伺服模块

伺服模块用于连接伺服电机，输出动力电源和根据指令插补控制伺服电机运动，并接收来自伺服电机编码器反馈的速度与位置数据。因此，伺服电机需要连接电机动力线和电机编码器线到伺服放大器才可正常工作。

三、伺服电机与主轴电机功能及接口定义

伺服电机与主轴电机作为最终的执行机构，主要用于带动传动机构，伺服电机的动能转换为机床工作台相对于刀具的直线位移或回转位移，主轴电机的动能则转换为带动主轴旋转进而带动刀具或工件的旋转。图 2-1-3、图 2-1-4 分别是伺服电机和主轴电机实物，表 2-1-3、表 2-1-4 分别是伺服电机接口功能和主轴电机接口功能。

图 2-1-3 伺服电机

图 2-1-4 主轴电机

表 2-1-3 伺服电机接口功能

接口	接口用途
抱闸接口	用于防止垂直轴或倾斜轴断电时下坠
电机接口	连接伺服模块，为电机提供动力电源
编码器接口	将伺服电机位置数据反馈回伺服模块

表 2-1-4 主轴电机接口功能

接口	接口用途
电机接口	连接主轴模块，为电机提供动力电源
编码器接口	将主轴电机速度和位置数据反馈回主轴模块
风扇接口	为主轴电机提供冷却

四、I/O 模块功能及接口定义

I/O 模块，也就是输入/输出模块，用于接收实际的外部数字量输入信号（X 地址）、输

出数字量信号（Y 地址）、连接外部手轮。I/O 模块只是简单地接收由机床外部硬件产生的输入信号，将输出信号由数控系统内部的 PMC 梯形图进行主动控制输出，不进行信号的逻辑控制。常用的 I/O 模块有电气柜用 I/O 模块、操作面板用 I/O 模块等。电气柜用 I/O 模块如图 2-1-5 所示，其接口功能见表 2-1-5。

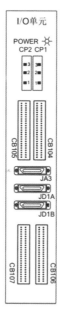

图 2-1-5　电气柜用 I/O 模块

表 2-1-5　电气柜用 I/O 模块接口功能

接口	接口用途
CP1/CP2	电源供电接口 （DC 24V）
CB104	50 针扁平电缆接口 （输入地址：X0/X1/X2；输出地址：Y0/Y1）
CB105	50 针扁平电缆接口 （输入地址：X3/X8/X9；输出地址：Y2/Y3）
CB106	50 针扁平电缆接口 （输入地址：X4/X5/X6；输出地址：Y4/Y5）
CB107	50 针扁平电缆接口 （输入地址：X7/X10/X11；输出地址：Y6/Y7）
JA3	手轮接口
JD1A/JD1B	I/O 模块通信接口

任务二　数控系统硬件连接

重点和难点

1. 数控系统与外部直流稳压电源的连接方法。
2. 数控系统与外部存储设备的连接方法。

任务实施

任务背景：一台设备上有 1 个数控系统，2 个 I/O 单元，1 个开关电源，1 台计算机，1 块 U 盘，1 套包含电源模块、主轴模块、伺服模块的伺服放大器，请使用正确的方法将各设备与数控系统进行连接。

第一步：使用 FSSB 光缆从数控系统的 COP10A 接口连接到伺服放大器主轴模块的 COP10B 接口，如图 2-2-1 所示。

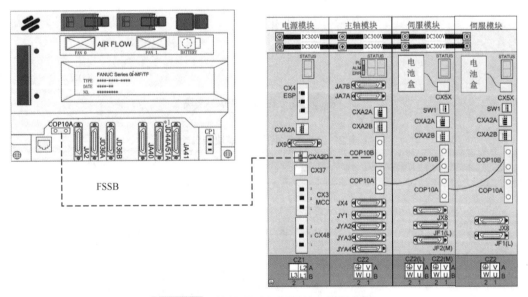

图 2-2-1　数控系统与伺服放大器的连接

第二步：使用 I/O Link i 电缆从数控系统的 JD44A 或 JD51A 接口连接到第 0 组 I/O 单元的 JD1B 接口，再从第 0 组 I/O 单元的 JD1A 接口连接到第 1 组 I/O 单元的 JD1B 接口，如图 2-2-2 所示。

第三步：将直流 24V 电源连接至数控系统的 CP1 接口，使数控系统能够正常开机，CP1 接口引脚定义如图 2-2-3 所示。

第四步：使用网线从数控系统的 CD38A 接口连接至计算机的网口，并设置两者处于同一网段，以实现数控系统与计算机之间的通信，如图 2-2-4 所示。

项目 二 数控系统综合连接

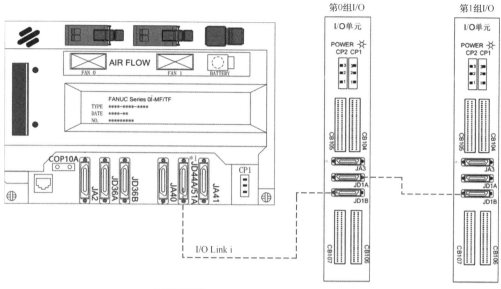

图 2-2-2 数控系统与 I/O 模块连接

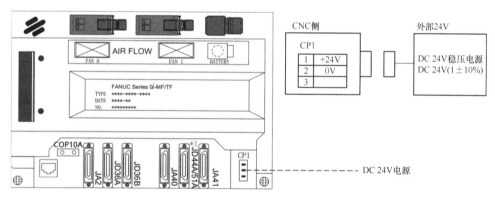

图 2-2-3 CP1 接口引脚定义

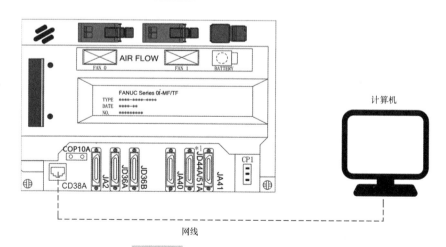

图 2-2-4 数控系统与计算机连接

第五步：将数控系统上箭头所指处的盖子打开，将 U 盘插入，可以实现数控系统数据的导入和导出，如图 2-2-5 所示。

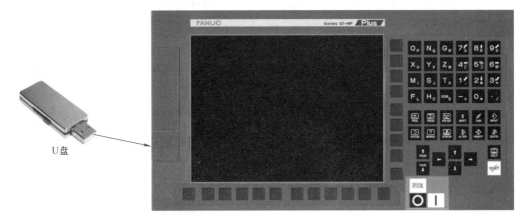

图 2-2-5　数控系统与 U 盘连接

任务三　伺服驱动硬件连接

伺服驱动硬件连接

重点和难点

1. 电源模块中 MCC 与 ESP 的连接。
2. 伺服放大器的拓展连接。

任务实施

任务背景：有一台设备上有 1 个数控系统，2 个 I/O 单元，1 个开关电源，1 台计算机，1 块 U 盘，1 套包含电源模块、主轴模块、伺服模块的伺服放大器，请使用正确的方法将各个设备与数控系统进行连接。

第一步：伺服系统电源采用 DC 24V，首先连接在电源模块的 CXA2D 接口，然后依次使用标准的电源跨接线给主轴模块、伺服模块进行供电，如图 2-3-1 所示。

第二步：伺服系统中的每一个主轴模块和伺服模块都需要使用标准的 FSSB 光缆进行连接，以实现所有驱动与数控系统的通信，从首个主轴模块 COP10A 连接至下一个伺服模块的 COP10B，再从当前伺服模块的 COP10A 连接至下一个伺服模块的 COP10B，如图 2-3-2 所示。

第三步：CX3 接口（也称 MCC）用于控制为电源模块提供动力电源的交流接触器线圈，因此交流接触器线圈的一侧串接在电源模块的 CX3 接口。当数控系统认为急停已解除且无报警时，就会闭合 CX3 接口，交流接触器主触点闭合，向电源模块供电。当使用多个单体放大器相连时，仅需使用第一个放大器的 MCC 信号，如图 2-3-3 所示。

项目 二 数控系统综合连接

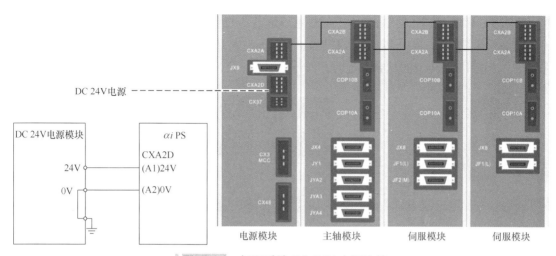

图 2-3-1　伺服系统 DC 24V 电源连接

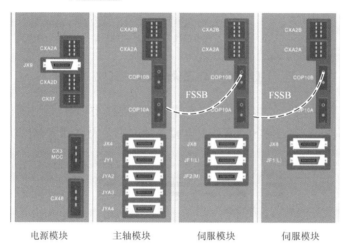

图 2-3-2　伺服系统的 FSSB 光缆连接

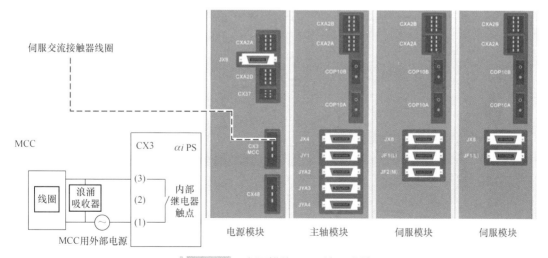

图 2-3-3　电源模块 CX3 接口连接

第四步：CX4 接口（也称 ESP）一般接急停继电器的常开触点，当数控系统进入急停状态时，控制断开 CX4 接口，伺服系统也进入急停状态，断开电源模块的 CX3 接口，同时切断电源模块。当使用多个单体放大器相连时，仅需处理第一个放大器的 ESP 信号，如图 2-3-4 所示。

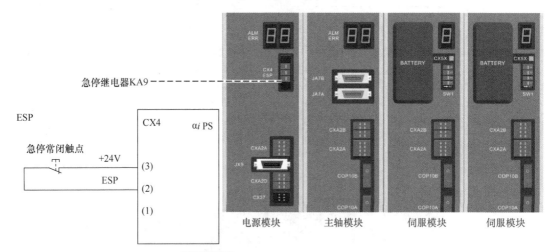

图 2-3-4　电源模块 CX4 接口连接

第五步：使用主轴电机动力线（图 2-3-5 中虚线）连接主轴电机到主轴模块的 CZ2 接口，使用主轴电机编码器线（图 2-3-5 中实线）连接主轴电机编码器到主轴模块的 JYA2 接口。

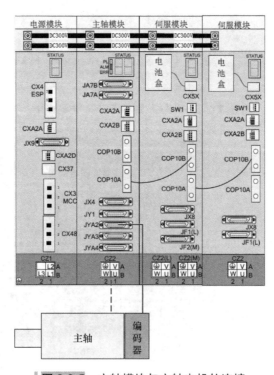

图 2-3-5　主轴模块与主轴电机的连接

项目 二 数控系统综合连接

第六步：①使用伺服电机动力线（图 2-3-6 中虚线）连接 X 轴伺服电机到首个伺服模块的 CZ2（L）接口，使用伺服电机编码器线（图 2-3-6 中实线）连接 X 轴伺服电机编码器到首个伺服模块的 JF1 接口；②使用伺服电机动力线（图 2-3-6 中虚线）连接 Y 轴伺服电机到首个伺服模块的 CZ2（M）接口，使用伺服电机编码器线（图 2-3-6 中实线）连接 Y 轴伺服电机编码器到首个伺服模块的 JF2 接口；③使用伺服电机动力线（图 2-3-6 中虚线）连接 Z 轴伺服电机到第二个伺服模块的 CZ2 接口，使用伺服电机编码器线（图 2-3-6 中实线）连接 Z 轴伺服电机编码器到第二个伺服模块的 JF1 接口。

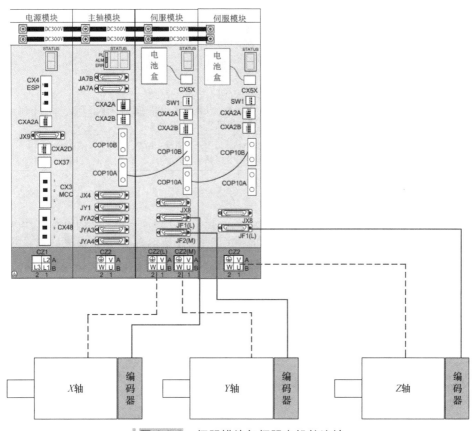

图 2-3-6　伺服模块与伺服电机的连接

项目评价

项目二评价表

验收项目及要求		配分	配分标准	扣分	得分	备注
数控系统硬件连接	1. 数控系统与伺服驱动器通信连接 2. 数控系统与 I/O 模块通信连接 3. 数控系统电源连接	30	1. 数控系统与伺服驱动器通信连接错误，每处扣 5 分 2. 数控系统与 I/O 模块通信连接错误，每处扣 5 分 3. 数控系统电源连接错误，每处扣 5 分			

(续)

验收项目及要求		配分	配分标准	扣分	得分	备注
伺服驱动硬件连接	1. 伺服系统电源线连接 2. 伺服驱动 CX3 接线 3. 伺服驱动 CX4 接线 4. 主轴动力线与编码器线连接 5. 伺服轴动力线与编码器线连接	40	1. 伺服系统电源线连接错误，每处扣 5 分 2. 伺服驱动 CX3 接线错误，每处扣 5 分 3. 伺服驱动 CX4 接线错误，每处扣 5 分 4. 主轴动力线与编码器线连接错误，每处扣 5 分 5. 伺服轴动力线与编码器线连接错误，每处扣 5 分			
设备功能	1. 系统上电正常 2. 系统 FSSB 通信正常 3. 驱动上电正常 4. 主轴正常转动 5. 伺服轴正常转动	30	1. 系统上电异常扣 10 分 2. 系统 FSSB 通信异常扣 5 分 3. 驱动上电异常扣 5 分 4. 主轴无法正常转动扣 5 分 5. 伺服轴无法正常转动扣 5 分			
安全生产	1. 自觉遵守安全文明生产规程 2. 保持现场干净整洁，工具摆放有序		1. 每违反一项规定，扣 3 分 2. 发生安全事故，按 0 分处理 3. 现场凌乱、乱放工具、乱丢杂物、完成任务后不清理现场扣 5 分			
时间	1.5h		提前 10min 以上正确完成，加 5 分 时间到停止考核			

项目测评

一台数控铣床，配置 FANUC 0i-MF Plus 数控系统，1 套包含电源模块、主轴模块、伺服模块的伺服放大器，2 个 I/O 单元，1 只手轮，1 个开关电源，1 个变压器，请绘制出这台设备的数控系统综合连接图。

项目三

数控机床电气控制识图

项目引入

电气原理图是用来表明设备的电气工作原理、各元器件的作用，以及各元器件相互关系的一种图。通过本项目学习，掌握数控机床电气原理图的识读方法，了解数控机床电源电路的保护元件和保护方式，理解和掌握数控机床各种功能电路的连接方式和控制原理，以及通过万用表测量机床电路电气参数，为使用电气原理图进行机床电气连接、机床电气线路故障排查及机床 PMC 程序编写奠定基础。

项目目标

1. 掌握机床电气原理图的识读方法。
2. 了解机床主电路中电源保护的方式。
3. 掌握使用万用表测量机床电器元件电压的方法。
4. 理解各种电气设备的功能。

延伸阅读

延伸阅读

严谨精神。

任务一 电气原理图的识读

原理图识读

重点和难点

1. 基本电器元件的画法。
2. 将原理图与实际元器件进行一一对应。

相关知识

电气原理图又称为电路图，是根据生产机械运动形式对电气控制系统的要求，采用国家或行业标准规定的电气图形符号和文字符号，按照电气设备和电器的工作顺序排列，详细表示控制装置的全部基本组成和连接关系的一种简图，它不涉及电器元件的结构尺寸、材料选用、安装位置和实际配线方法。

电气原理图能充分表达电气设备和电器的用途、作用及线路的工作原理，是电气线路安装、调试和维修的理论依据。

识图是数控装调维修工的一项基本功，通过识图可以很快地熟悉设备的构造、工作原理，了解各元器件、仪表的连接及安装；识图也是进行电子制作或维修的前提；识图还有助于迅速熟悉各种新型的电子仪器及设备。图 3-1-1 为电气原理图示例。

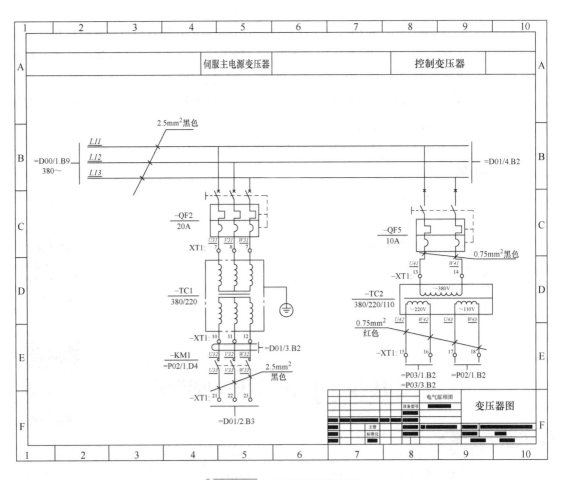

图 3-1-1　电气原理图示例

项目 三 数控机床电气控制识图

一、图样说明

图 3-1-2 为电气原理图的图样说明。

```
1. 本设备贯彻中华人民共和国机械行业标准
JB/T 2739—2008《工业机械电气图用图形符号》的规定

2. 本设备贯彻中华人民共和国机械行业标准
JB/T 2740—2015中《机床电气设备及系统电路图、图解和表的绘制》
项目代号采用下列四段标记：
第一段高层代号，前缀符号为"="，例如："=D00"
第二段位置代号，前缀符号为"+"，例如："+A1"
第三段种类代号，前缀符号为"-"，例如："-QF1"
第四段端子代号，前缀符号为"："，例如："：10"

3. 本图样还采用了JB/T 2740—2015标准的图区索引法

4. 代号意义
B. 总体设计布局及安排，接线板互连图
D. 电源系统，交流驱动系统
N. 直流控制系统
P. 交流控制系统

5. 斜体下划线表示线号
如"5"表示5号线，
用于智能化考核系统的输入。
```

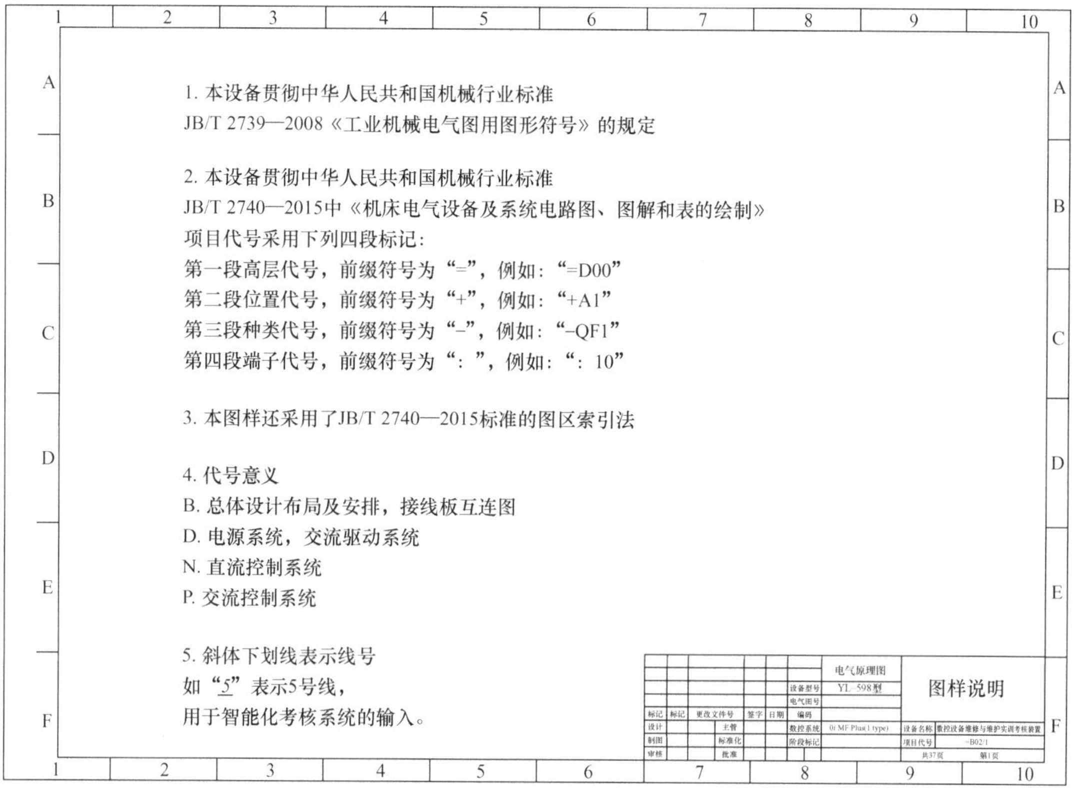

					电气原理图			图样说明	
					设备型号	YL-59B型			
					电气图号				
标记	标记	更改文件号	签字	日期	编 码				
设计		主管			数控系统	0i MF Plus(1 type)	设备名称	数控设备维修与维护实训考核装置	F
制图		标准化			阶段标记		项目代号	=B02:1	
审核		批准					共37页	第1页	
7					8		9	10	

图 3-1-2 电气原理图的图样说明

二、原理图对应元件

1. 数控系统

图 3-1-3 为数控系统及其对应接口图。

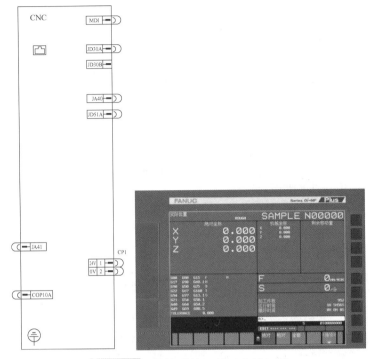

图 3-1-3 数控系统及其对应接口图

2. I/O 模块

图 3-1-4 为 I/O 模块及其对应接口图。

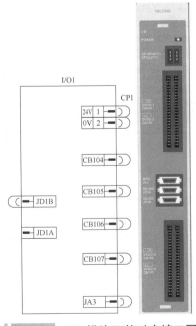

图 3-1-4 I/O 模块及其对应接口图

3. SDU 模块

图 3-1-5 为 SDU 模块及其对应接口图。

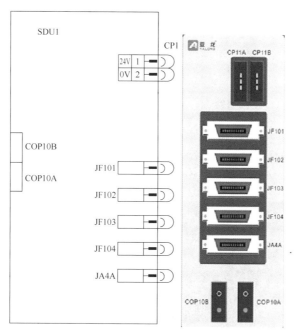

图 3-1-5　SDU 模块及其对应接口图

4. 控制面板 XT3（背面）

图 3-1-6 为控制面板 XT3（背面）及其对应接口图。

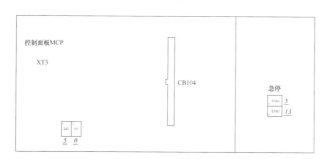

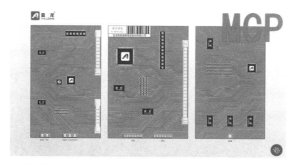

图 3-1-6　控制面板 XT3（背面）及其对应接口图

5. 控制面板 XT3（正面）

图 3-1-7 为控制面板 XT3（正面）及其对应接口图。

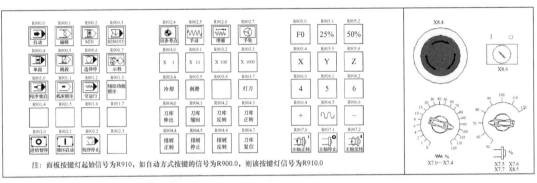

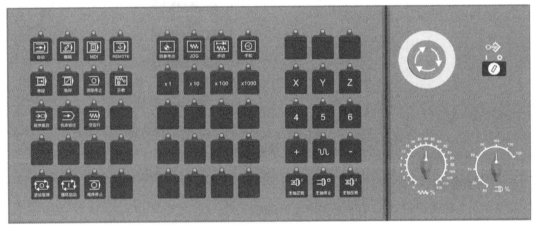

图 3-1-7　控制面板 XT3（正面）及其对应接口图

6. 伺服驱动器

图 3-1-8 为伺服驱动器及其对应接口图。

7. 端子排 XT1

图 3-1-9 为端子排 XT1 及其对应接口图。

8. 继电器板 XT2

图 3-1-10 为继电器板 XT2 及其对应接口图。

项目 三 数控机床电气控制识图

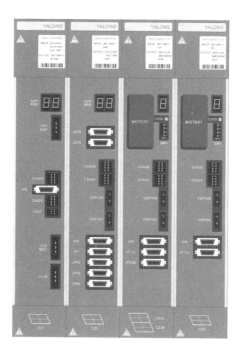

图 3-1-8 伺服驱动器及其对应接口图

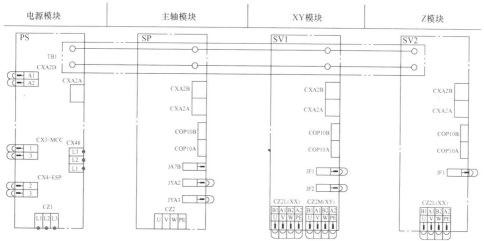

图 3-1-9 端子排 XT1 及其对应接口图

1.5 1	1.7 2	2.1 3	2.3 4	2.5 5	2.7 6	1.3 7	1.1 8	0.7 9	0.5 10	0.4 11	0.3 12	0.2 13	0.1 14	0.0 15	B01 16	24V 17	24V 18	0V 19
	1.6 20	2.0 21	2.2 22	2.4 23	2.6 24	1.4 25	1.2 26	1.0 27	0.6 28									

XT2 PCB2009194

29 0.0 Y20	30 0.2 Y22	31 0.4 Y24	32 0.6 Y26	1.0 Y11.0		1.1 Y11.1		1.2 Y11.2		1.3 Y11.3		1.4 Y11.4		1.5 Y11.5		1.6 Y11.6		1.7 Y11.7	
33 0.1 Y21	34 0.3 Y23	35 0.5 Y25	36 0.7 Y27	37	38	39	40	41	42	43	44	45	46	47	48	49	50	51	52

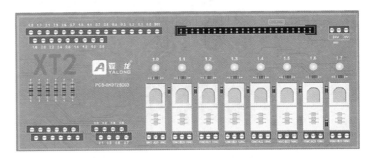

图 3-1-10　继电器板 XT2 及其对应接口图

9. 指纹电路板 XT4

图 3-1-11 为指纹电路板 XT4 及其对应接口图。

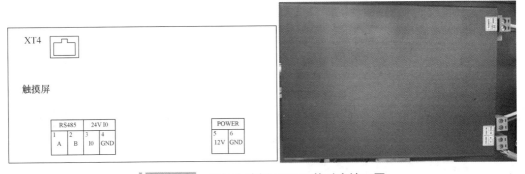

图 3-1-11　指纹电路板 XT4 及其对应接口图

10. 继电器板 XT5

图 3-1-12 为继电器板 XT5 及其对应接口图。

11. 手轮信号 XS31 航空插座

图 3-1-13 为手轮信号 XS31 航空插座及其对应接口图。

12. 手轮（MCP）

图 3-1-14 为手轮（MCP）及其对应接口图。

项目 三 数控机床电气控制识图

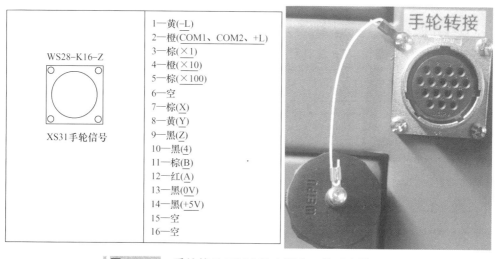

图 3-1-12 继电器板 XT5 及其对应接口图

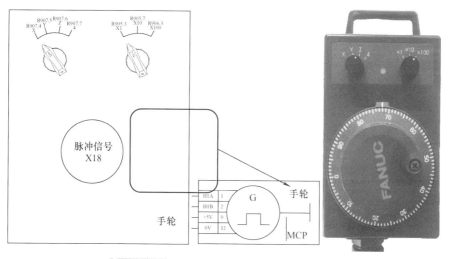

图 3-1-13 手轮信号 XS31 航空插座及其对应接口图

图 3-1-14 手轮（MCP）及其对应接口图

35

13. 电磁阀

图 3-1-15 为电磁阀及其图形符号。

图 3-1-15　电磁阀及其图形符号

14. I/O 线路板 XT6

图 3-1-16 为 I/O 线路板 XT6 及其对应接口图。

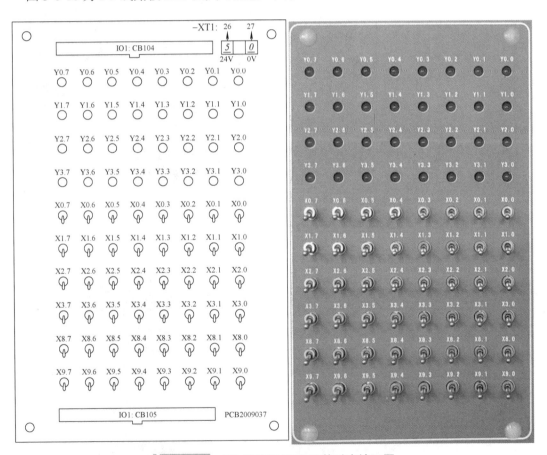

图 3-1-16　I/O 线路板 XT6 及其对应接口图

15. 线路板 XT8

图 3-1-17 为线路板 XT8 及其对应接口图。

项目 三 数控机床电气控制识图

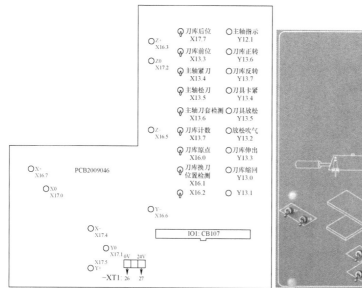
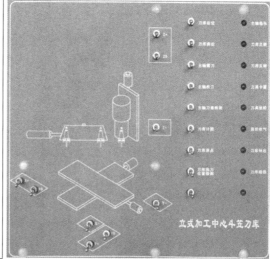

图 3-1-17　线路板 XT8 及其对应接口图

16. 断路器（3P）

图 3-1-18 为断路器（3P）及其图形符号。

17. 断路器（2P）

图 3-1-19 为断路器（2P）及其图形符号。

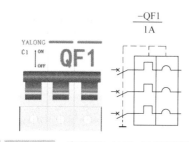
图 3-1-18　断路器（3P）及其图形符号

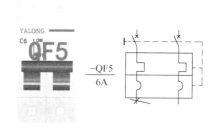
图 3-1-19　断路器（2P）及其图形符号

18. 断路器（1P）

图 3-1-20 为断路器（1P）及其图形符号。

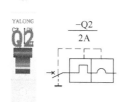

图 3-1-20　断路器（1P）及其图形符号

19. 开关电源 GS1

图 3-1-21 为开关电源 GS1 及其图形符号。

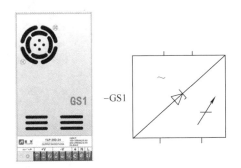

图 3-1-21　开关电源 GS1 及其图形符号

20. 变压器 TC1

图 3-1-22 为变压器 TC1 及其图形符号。

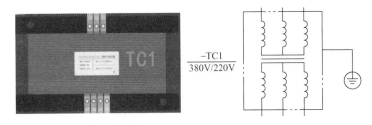

图 3-1-22　变压器 TC1 及其图形符号

21. 变压器 TC2

图 3-1-23 为变压器 TC2 及其图形符号。

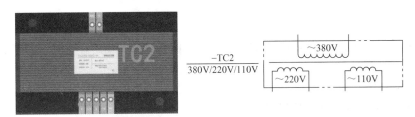

图 3-1-23　变压器 TC2 及其图形符号

22. 电抗器 L

图 3-1-24 为电抗器 L 及其图形符号。

项目 三 数控机床电气控制识图

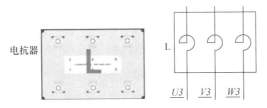

图 3-1-24　电抗器 L 及其图形符号

23. 滤波器 LB

图 3-1-25 为滤波器 LB 及其图形符号。

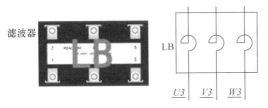

图 3-1-25　滤波器 LB 及其图形符号

24. 继电器 KA 线圈与触点

图 3-1-26 为继电器 KA 线圈与触点及其图形符号。

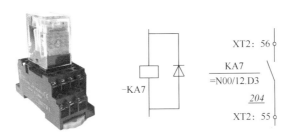

图 3-1-26　继电器 KA 线圈与触点及其图形符号

25. 交流接触器 KM 线圈与主触点

图 3-1-27 为交流接触器 KM 线圈与主触点及其图形符号。

图 3-1-27　交流接触器 KM 线圈与主触点及其图形符号

39

26. 伺服主轴电机

图 3-1-28 为伺服主轴电机及其对应原理图。

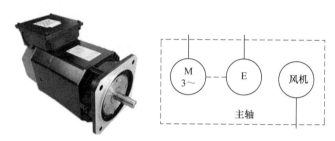

图 3-1-28　伺服主轴电机及其对应原理图

27. 三色灯 LAMP

图 3-1-29 为三色灯 LAMP 及其对应原理图。

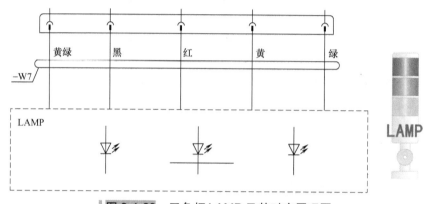

图 3-1-29　三色灯 LAMP 及其对应原理图

三、电气符号举例介绍

1. =B03/1.E2

如图 3-1-30 所示，B03/1 是项目代号，在图样的右下角位置；E2 是图样中的具体位置。

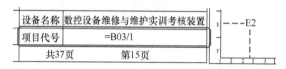

图 3-1-30　电气符号举例 1

2. XT1：15

解释：XT1 是端子排，15 是在端子排上的位置号码。

3. XT3：4

解释：XT3 是控制面板 MCP，4 是在控制面板上的位置号码。

4. $\dfrac{-QS1}{40A}$

解释：-QS1 是漏电保护开关，40A 指该开关的额定电流为 40A。

5. $\dfrac{-FU1}{22-32A}$

解释：-FU1 是熔断器，22-32A 表示空气开关的额定电流为 22～32A。

6. $\dfrac{-QF2}{20A}$

解释：-QF2 是 2 号断路器，20A 表示断路器的额定电流为 20A。

7. -KA2

解释：-KA2 是 2 号继电器。

8. $\dfrac{-KM3}{P02/2.D7}$

解释：-KM3 是 3 号交流接触器，P02/2.D7 是在项目代号为 P02/2 图样上的 D7 位置。

9. *L11*、*L12*、*L13*、*U21*、*V21*、*W21*、*5*、*0*

解释：斜体加下划线为线号。

如图 3-1-31 所示，表示线路是通过航空插头 XS11 进行连接。

如图 3-1-32 所示，表示 KM1 的主触点用于项目代号为 D01/1 图纸中的 E5 位置，常闭辅助触点未用到。

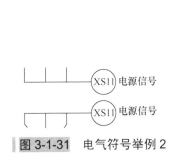

图 3-1-31 电气符号举例 2

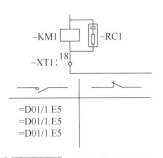

图 3-1-32 电气符号举例 3

任务实施

任务背景：识读总电源保护的主电路。

第一步：在原理图中找出项目代号为 =D01/1 的图样，代表电源接往项目代号为 D01/1 图样的 B2 位置，如图 3-1-33 所示。

第二步：电源输入端接三相五线制电源，L1、L2、L3 为交流 380V 的相线，N 为中性线，PE 为地线，如图 3-1-34 所示。

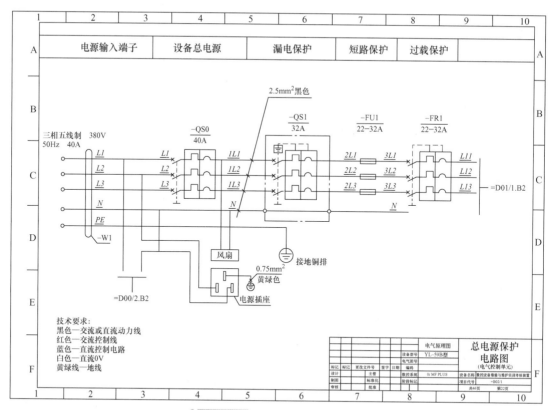

图 3-1-33　总电源保护电路图

第三步：接触器 KM0 常开触点的进线线号为 R、S、T，出线线号为 U、V、W，如图 3-1-35 所示。

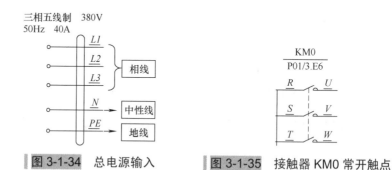

图 3-1-34　总电源输入　　　图 3-1-35　接触器 KM0 常开触点

第四步：找出原理图中 $\dfrac{KM0}{P01/3.E6}$ 的位置：=D00/1.C3 表示 KM0 主触点的位置，如图 3-1-36 所示。

第五步：接触器 KM0 线圈的交流电压为 220V，线号为 L、N；当接在 XT4：8 和 XT4：7 上的常开触点闭合时，KM0 线圈得电，KM0 主触点吸合，如图 3-1-37 所示。

第六步：设备总电源开关 QS0 的额定电流为 40A，进线线号为 L1、L2、L3，出线线号为 1L1、1L2、1L3，如图 3-1-38 所示。

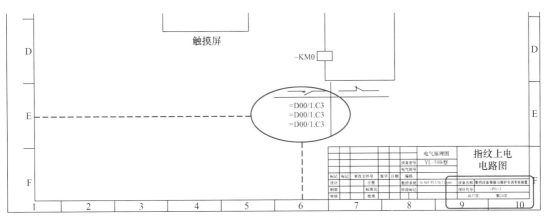

图 3-1-36　接触器 KM0 主触点

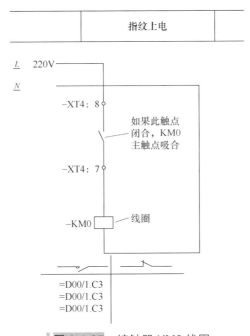

图 3-1-37　接触器 KM0 线圈

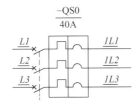

图 3-1-38　设备总电源开关 QS0

第七步：漏电保护开关 QS1 的额定电流为 32A，进线线号为 1L1、1L2、1L3，出线线号为 2L1、2L2、2L3，如图 3-1-39 所示。

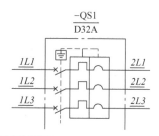

图 3-1-39 漏电保护开关 QS1

第八步：断路保护开关 FU1（熔断器）的额定电流为 22～32A，进线线号为 2L1、2L2、2L3，出线线号为 3L1、3L2、3L3，如图 3-1-40 所示。

第九步：过载保护开关 FR1 的额定电流为 22～32A，进线线号为 3L1、3L2、3L3，出线线号为 L11、L12、L13，如图 3-1-41 所示。

图 3-1-40 熔断器 FU1　　　　图 3-1-41 过载保护开关 FR1

任务二　数控机床总电源保护

数控机床总电源保护

重点和难点

在机床电路中寻找学习过的电气元器件，并理解其功能与应用。

相关知识

一、机床主电路

三相五线制 50Hz、380V 交流电给机床供电，在电源总开关闭合后，电源即可连接到机床电气柜，如图 3-2-1 所示。

二、主电路保护元件

严重的机床电气回路故障（如电路出现的短路或过载现象）通常会引发重大事故，如火灾、电机及设备失效，甚至还可能造成人员伤亡。因此，在机床实际使用过程中，必须明确电气回路是如何对机床进行安全保护的。目前，常见的数控机床的电气控制系统通常由数控装置（CNC）、伺服系统（包括进给伺服和主轴伺服）、机床强电控制系统（包括可编程控制系统和继电器 - 接触器控制系统）等组成。其中，主电路、控制电路、保护电路是机床电气回路中最常见的三种。顾名思义，主电路主要是为了满足机床的基本电气输送，具体为机床电气设备的配电、加电等，其主要组成有控制器件、保护器件、连接器、线缆和耗能器件。这些元器件分别用来保护元器件和线路、连接各元器件、发出各种指令等。当电路出现短路或过载现象时，电气回路各保护元器件将依照设置协同工作，自动切断电力输出。下面介绍常见的几种主电路保护元器件及其作用。

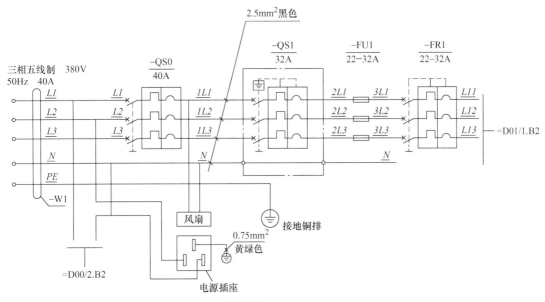

图 3-2-1　机床主电路

1. 剩余电流断路器

如图 3-2-2 所示，剩余电流断路器俗称漏电保护开关，用以对低压电网直接触电和间接触电进行有效保护，也可以作为三相电动机的断相保护。漏电保护开关有单相的也有三相的，在机床主电路中主要使用三相的，具有过载和短路保护功能，可用来保护线路或电动机的过载和短路。漏电保护开关不仅与其他断路器一样可将主电路接通或断开，而且具有对漏电流检测和判断的功能，当主电路中发生漏电或绝缘被破坏，且达到保护器所限定的动作电流值时，漏电保护开关可根据判断结果在限定的时间内立即动作，自动断开电源进行保护。

图 3-2-2　剩余电流断路器（3P+N）

2. 低压断路器

低压断路器是一种不仅可以接通和分断正常负荷电流和过负荷电流，还可以接通和分断短路电流的开关电器。低压断路器在电路中除起控制作用外，还具有一定的保护功能，如过负荷、短路、欠电压和漏电保护等。低压断路器的分类方式很多，按使用类别分，有选择型（保护装置参数可调）和非选择型（保护装置参数不可调）；按灭弧介质分，有空气式和真空式（国产多为空气式）。低压断路器容量范围很大，最小为 4A，而最大可达 5000A。低压断路器广泛应用于低压配电系统、各种机械设备的电源控制、用电终端的控制和保护。小型断路器更多地应用在正常情况下不频繁地通断电器装置和照明线路，但不适用于保护电动机，如图 3-2-3 所示。塑料外壳式断路器在小型断路器的基础上还具有电动机的过载、短路保护的功能，在正常情况下亦可用于线路的不频繁转换及电动机的不频繁起动和转换，如图 3-2-4 所示。

图 3-2-3　小型断路器

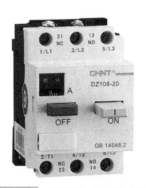

图 3-2-4　塑料外壳式断路器

3. 熔断器

如图 3-2-5 所示，熔断器是一种依据熔化原理而切断电路的保护电器，主要由熔体和熔管两部分组成，它既是敏感元件又是执行元件。

按热惯性（发热时间常数）分为无热惯性、小热惯性、大热惯性三种，机床热惯性越小，熔化速度越快；按熔体形状分为丝状、片状、笼（栅）状；按支架结构分为螺旋塞式、管式两种，管式可分为有填料、无填料两种。

熔断器是将熔体串联接入电路，当负载电流流过时，由于电热效应而使其温度上升。当电路发生过载或短路时，由于电流大于熔体允许的正常发热电流，熔体温度急剧上升，超过其熔点而熔断，从而切断电路，达到保护电路和设备的目的。其熔断过程大致如下：

1）熔体通过过载电流或短路电流而发热达到熔化温度。电流越大，温度上升越快。

图 3-2-5　熔断器与熔断体

2）熔体的熔化和蒸发。当熔体达到熔化温度后便熔化并气化为金属蒸气，这一过程也与过电流热效应有关，电流越大，熔断时间越短。

3）间隙的击穿和电弧的产生。熔体熔化的瞬时使电路出现一个小的绝缘间隙，电流突然中断时，这个小的绝缘间隙立即被电路电压所击穿，同时产生电弧，使电路又接通。

4）电弧的熄灭。电弧发生后，如能量较小，随熔断间隙的扩大可以自行熄灭，当能量较大时就必须依靠熔断器的灭弧措施。灭弧装置的灭弧能力越强，灭弧越快，同时熔断器所能分断的短路电流也越大。

4. 热继电器

热继电器是用于电机或其他电气设备、电气线路过载保护的电器，如图 3-2-6 所示。在实际运行中，如果拖动机械出现不正常的情况或电路异常使电机过载，将导致电机转速下降、绕组中的电流增大，使电机的绕组温度升高。若过载电流不大且过载时间较短，电机绕组不超过允许温升，这种过载是允许的。但若过载时间长，过载电流大，电机绕组的温升就会超过其允许值，这将引起电机绕组老化，缩短电机的使用寿命，严

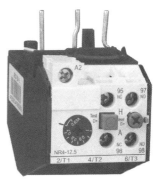

图 3-2-6　热继电器

重时甚至会烧毁电机。所以，这种过载是电机不能承受的。热继电器就是利用电流的热效应原理，在出现电机不能承受的过载时切断其回路，实现过载保护。热继电器的工作原理：当负载电流超过整定电流值并持续一定时间后，发热元件所产生的热量使双金属片受热弯曲，带动动触点与静触点分断，切断电机回路，使接触器线圈断电释放，从而断开主电路，实现对电机的过载保护。电源切断后，双金属片逐渐冷却，经过一段时间后恢复原状，动触点在失去作用力的情况下，靠自身弹簧自动复位。

5. 灭弧器

三相/单相灭弧器如图 3-2-7 所示。当主触点分断大电流时，在动、静触点间会产生强烈的电弧。电弧一方面会烧坏触点，另一方面会延长电路切断时间，甚至会引起事故。为了使接触器可靠工作，必须采用灭弧装置使电弧迅速熄灭，在开关断开时迅速熄灭电弧，保护开关触点不被电弧烧损。容量在 10A 以上的接触器都有灭弧装置；容量在 10A 以下的接触器常采用双断口桥形触点，以利于灭弧。

图 3-2-7　三相/单相灭弧器

任务实施

任务背景：有一张小型车床的主电路电气原理图，根据图 3-2-8 试分析该机床主电路，以及电路中有何种保护措施。

第一步：从电路图的左侧分析机床接入的主电源，主电源使用三相五线制 AC 380V、50Hz 电源，且电源的额定电流为 40A，如图 3-2-9 所示。

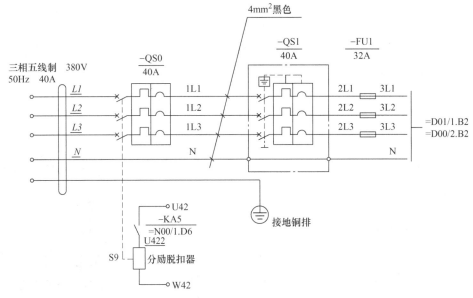

图 3-2-8 主电路电气原理图

第二步：从主电源向右侧继续分析，三相电源使用 40A 小型断路器实现电路的分断，在断路器上装有分励脱扣器，分励脱扣器用于将小型断路器分闸，使用方法类似于继电器，当线圈通电时，脱扣器立即分闸，该功能可用于定时关机，如图 3-2-10 所示。

第三步：由原理图可知，电路使用 4mm² 的黑色导线，使用 40A 剩余电流断路器，可实现漏电保护，当漏电电流超过 0.03A 时，断路器自动脱扣，保证操作者的人身安全；在电路中接有接地铜排，机床设备的接地线通过铜排接地，实现接地保护，如图 3-2-11 所示。

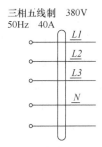

图 3-2-9 主电源

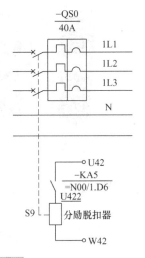

图 3-2-10 带分励脱扣器的小型断路器

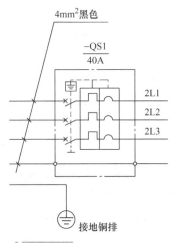

图 3-2-11 剩余电流断路器

项目 三 数控机床电气控制识图

第四步：由原理图可知，电路使用 32A 的熔断器，接于相线中，在电路中起到了短路保护的作用，如图 3-2-12 所示。

图 3-2-12 熔断器

任务三 数控机床电路测量

数控机床电路测量

> **重点和难点**

根据设备电压的不同合理选用万用表档位。

> **相关知识**

一、万用表的作用

万用表由磁电系电流表（表头）、测量电路和选择开关等组成，是一种带有整流器，可以测量交直流电流、电压、电阻和音频电平等多种电学参量的磁电式仪表，是电力电子等部门不可缺少的测量工具，图 3-3-1 所示为万用表表体、黑表笔和红表笔。万用表按显示方式分为指针万用表和数字万用表，其电路计算的主要依据是闭合电路的欧姆定律。

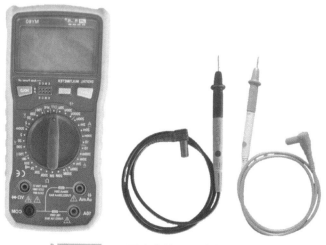

图 3-3-1 万用表表体、黑表笔和红表笔

二、万用表功能介绍

万用表的基础功能有四种：测通断、测电阻、测电压、测电流。此外，万用表还具有电容档和晶体管测试功能。其中，电压档又可分为直流电压档、交流电压档；电流档又可分为直流电流档、交流电流档。万用表的功能组成如图 3-3-2 所示。

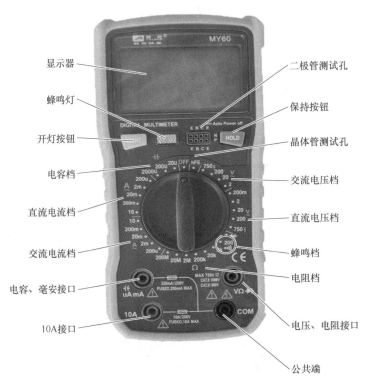

图 3-3-2　万用表功能组成

选择具体档位时，要分三步：第一，确认测量内容，测的是交流量还是直流量，要测电压还是电流，这个必须先搞清楚；第二，估算测量数值，比如设备进电电路的电压，三相电压就在 380V 左右；第三，选择档位，选择距离估算数值最近且大于估算数值的档位，如设备进电电压估算值为 380V，就应该选择交流电压区域数字大于 380V，且距离 380V 最近的档位，也就是 750V 档。

任务实施 ▸

1. 操作前的注意事项

第一步：选择在除 OFF 档之外的任何档位，如果屏幕显示的数值或符号不清晰，则说明电池电压不足，需要更换电池，如图 3-3-3 所示。

第二步：测试笔插孔旁边的"⚠"符号，表示输入电压或电流不应超过指示值，这是为了保护万用表免受损伤。测量高电压时要格外注意避免触电，如图 3-3-4 所示。

项目 三 数控机床电气控制识图

图 3-3-3 不在 OFF 档位置

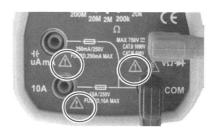

图 3-3-4 "⚠"符号位置

2. 测量交流电压

第一步：将黑表笔插入 COM 插孔，红表笔插入 V/Ω 插孔，如图 3-3-5 所示。
第二步：将功能开关置于V量程范围，如图 3-3-6 所示。

图 3-3-5 表笔正确插装位置（红表笔、黑表笔）

图 3-3-6 750V 交流电压档

第三步：将表笔连接到待测电源或负载上，如图 3-3-7～图 3-3-12 所示。

图 3-3-7 漏电保护 QS1（交流 380V）

图 3-3-8 断路器 QF2（交流 380V）

51

图 3-3-9 变压器 TC1（交流 220V）

图 3-3-10 开关电源 GS1（交流 220V）

图 3-3-11 变压器 TC2（交流 110V）

图 3-3-12 端子排 XT1（交流 110V）

3. 测量直流电压

第一步：将黑表笔插入 COM 插孔，红表笔插入 V/Ω 插孔，如图 3-3-13 所示。

第二步：将功能开关置于 V 量程范围，如图 3-3-14 所示。

图 3-3-13 表笔正确插装位置（红表笔、黑表笔）

图 3-3-14 200V 直流电压档

第三步：将表笔连接到待测电源或负载上，红表笔所接触的极性将同时显示于显示器上，如图 3-3-15 ～图 3-3-17 所示。

项目 三 数控机床电气控制识图

图 3-3-15　继电器板 XT2
（直流 24V）

图 3-3-16　开关电源 GS1
（直流 24V）

图 3-3-17　端子排 XT1
（直流 24V）

4. 测试蜂鸣档

第一步：将黑表笔插入 COM 插孔，红表笔插入 V/Ω 插孔，如图 3-3-18 所示。

第二步：将功能开关置于电阻档量程范围，如图 3-3-19 所示。

图 3-3-18　表笔正确插装位置（红表笔、黑表笔）

图 3-3-19　200Ω 电阻档

第三步：在设备断电的情况下，将表笔连接到待测电源或负载上，如果线路接通，则蜂鸣灯亮并发出声音，如图 3-3-20 和图 3-3-21 所示。

图 3-3-20　继电器板 XT2 线号 202

图 3-3-21　继电器板 XT5 线号 U43

任务四 数控机床电气设备功能说明

电气设备功能说明

重点和难点

1. 能够区分系统急停和伺服急停的作用。
2. 了解伺服系统的上电过程。

相关知识

一、急停功能

如图 3-4-1 所示，按下急停按钮，继电器 KA10 失电释放，数控系统出现 EMG 报警。旋开急停按钮，继电器 KA10 吸合，一组触点接通 X8.4（16—17 号线），另一组触点接通伺服放大器的 CX4（14—15 号线），EMG 报警解除。

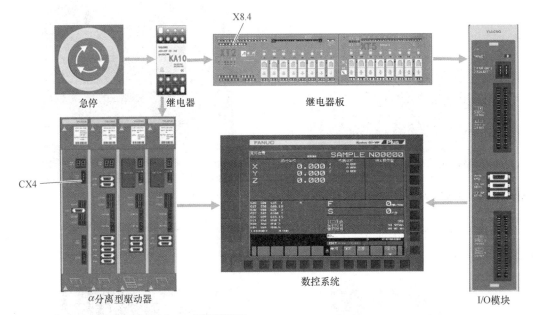

图 3-4-1 急停电路控制图

二、进给轴功能

如图 3-4-2 和图 3-4-3 所示，经过相序检测 CX48，急停恢复后，伺服放大器的 CX4（14—15 号线）闭合，系统通过自检，闭合伺服放大器的 CX3（U43—3 号线）。CX4 闭合后，接触器 KM1（MCC）吸合，伺服强电接通（U33—V33—W33），强电通过电源总开关—断路器 QF2—三相伺服变压器 TC1—接触器 KM1—电抗器 L/滤波器 LB—伺服电源模块 PS—

伺服放大器 SV—伺服电机。伺服放大器除了需要接强电外，还需要接 24V 直流控制电源 CXA2D。

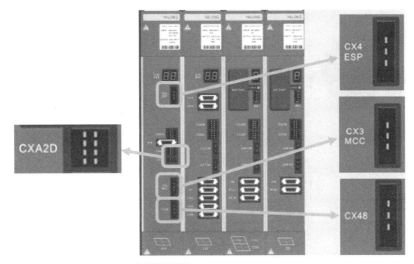

图 3-4-2　α 分离型驱动器

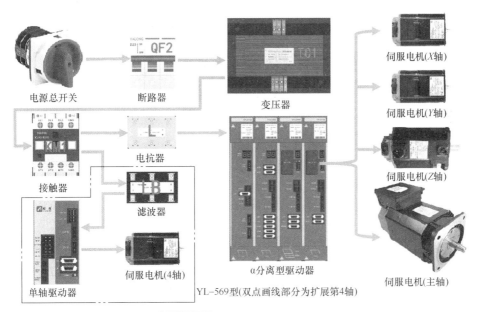

图 3-4-3　伺服主电路控制图

三、主轴功能

本设备主轴控制采用伺服主轴，急停恢复后，伺服放大器的 CX4（14—15 号线）闭合，系统通过自检，闭合伺服放大器的 CX3（U43—3 号线）。CX4 闭合后，接触器 KM1（MCC）吸合，伺服强电接通（U33—V33—W33）。主轴驱动器的电源通过 PS 伺服电源模块—SP 伺服主轴模块—伺服主轴电机；伺服主轴电机风扇通过电源总开关—断路器 QF2—三相伺服变压器 TC1—断路器 QF1—伺服主轴风扇电机，如图 3-4-4 所示。

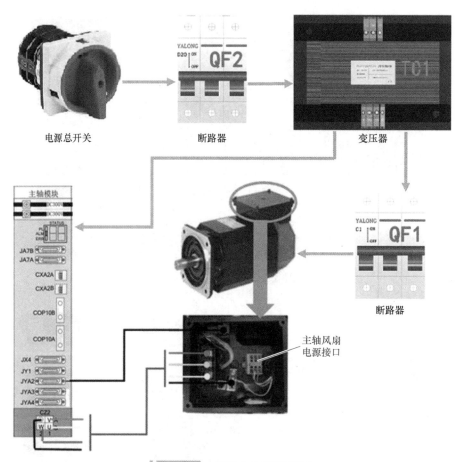

图 3-4-4　主轴主电路控制图

本设备预留模拟主轴接口，可以通过系统参数更改为模拟主轴，可以在端子排 XT1：JA40+、JA40- 上测量模拟电压。

如果主轴控制采用模拟主轴，速度信号是来自数控系统 CNC 发出的 0～10V 模拟量，在控制转速的同时，还通过主轴编码器反馈给系统。系统向外部提供 0～10V 模拟电压以控制变频器调速，接线如图 3-4-5 所示。注意：使用单极性时，极性不要接错，否则变频器无法调速。

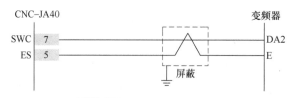

图 3-4-5　JA40 接口信号

项目 三 数控机床电气控制识图

四、刀库换刀功能

如图 3-4-6 所示，刀库电机的电源通过电源总开关—断路器 QF3—接触器 KM2(KM3)—刀库电机；刀库采用 12 工位斗笠式刀库，控制分为刀库电机与刀位信号。刀库电机采用三相异步电机，通过交流接触器实现正反转。正转接触器的控制来自 PMC 的输出地址（Y10.1），Y10.1 有输出时，XT5 板上的继电器 KA12 吸合，接触器 KM2 吸合，刀库正转，在线圈控制中加入了互锁触点，以防止相间短路。反转接触器的控制来自 PMC 的输出地址（Y10.2），Y10.2 有输出时，XT5 板上的继电器 KA13 吸合，接触器 KM3 吸合，刀库反转锁紧。刀库的正转与反转是受到 PMC 控制的。刀架的信号包含刀库计数信号 X10.7、刀库前位信号 X10.4、刀库后位信号 X10.5。

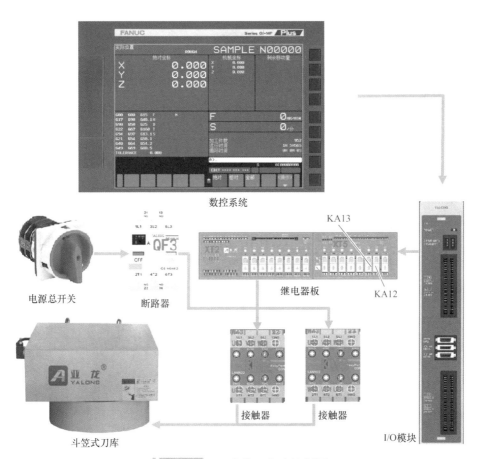

图 3-4-6　刀库换刀电路控制图

五、冷却功能（气冷）

冷却功能是通过 PMC 的输出地址（Y10.4）控制继电器 KA15，KA15 的常开触点闭合，使电磁阀吸合，系统开始冷却吹气工作。需要注意的是，冷却的继电器是在 XT5 板上，XT2 板上仅是引出输出信号，如图 3-4-7 所示。

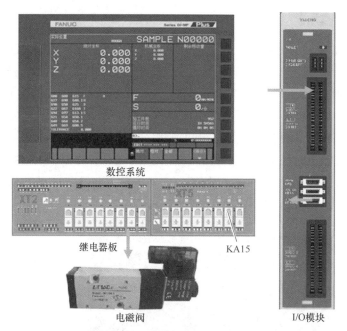

图 3-4-7 冷却（气冷）电路控制图

六、润滑功能

润滑泵的电源通过电源总开关—断路器 QF5—控制变压器—润滑泵电机。润滑功能是在急停功能复位后，PMC 会一直输出，输出地址是 Y10.3；润滑泵是机械间隙式的，输入是 220V 交流电源；输入信号是液位信号 X10.0，为一个机械式的开关，液位到时接通，此信号提供给 PMC 进行液位报警用，如图 3-4-8 所示。

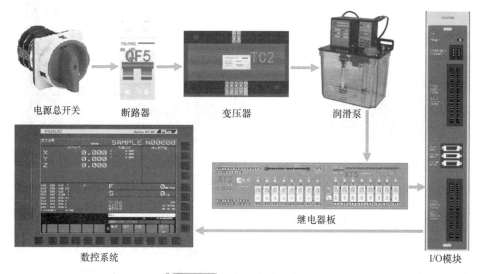

图 3-4-8 润滑电路控制图

七、控制电路

控制电路主要完成各部分电源的供给及系统的启停，本设备中用到三相380V、三相220V、单相220V/110V、直流24V电源。三相380V电源主要用于刀架、冷却、主轴电机风扇及三相伺服变压器、控制变压器的供电；三相220V电源用于伺服放大器的供电，是通过三相伺服变压器获得的；单相220V电源用于开关电源的供电，110V电源用于各控制交流接触器线圈的供电，也是通过控制变压器获得的；直流24V电源主要用于系统、I/O模块、伺服放大器的供电，直流24V在上电时序方面，伺服放大器、I/O模块是同时上电的，系统通过按钮进行启停自锁上电，如图3-4-9所示。

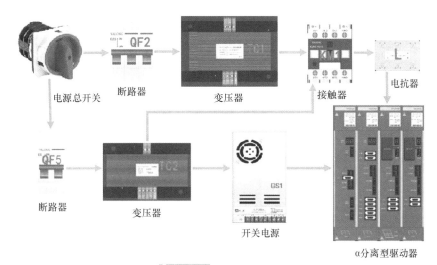

图 3-4-9　控制电路图

八、排屑功能

排屑电机的电源通过电源总开关—断路器QF4—接触器KM4（KM5）—排屑电机。要实现排屑功能，首先要将切屑从切削区分离出来，将切屑排出加工区。在数控铣床的切屑中有时还混合有切削液，排屑装置还应将切屑从中分离出来，并将其送入切屑收集箱中，而切削液则被回收到切削液箱中，如图3-4-10所示。

排屑电机采用三相异步电机，通过交流接触器控制电机正反转，从而实现排屑功能。正转接触器的控制来自PMC的输出地址Y10.5，Y10.5有输出时，XT5板上的继电器KA16吸合，接触器KM4吸合，排屑电机正转，在线圈控制中加入了互锁触点，以防止相间短路。反转接触器的控制来自PMC的输出地址Y10.6，Y10.6有输出时，XT5板上的继电器KA17吸合，接触器KM5吸合，排屑电机反转锁紧。

九、抱闸电路

设备的Z轴需要配置抱闸，抱闸电源为直流24V，是由单独的开关电源GS2进行供电的，通过PMC输出点Y11.6驱动XT2板上的继电器KA7来完成抱闸的打开，抱闸电源回路：电源总开关—断路器 QF5—控制变压器 TC2—开关电源 GS2—继电器 KA7—Z 轴抱闸，如图 3-4-11 所示。

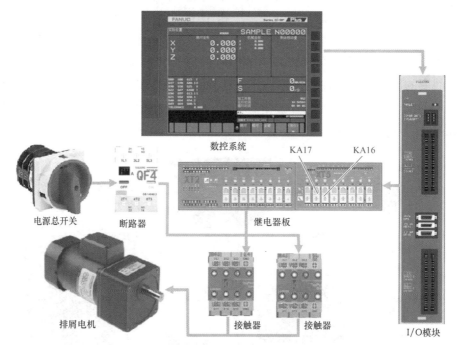

图 3-4-10　排屑电路控制图

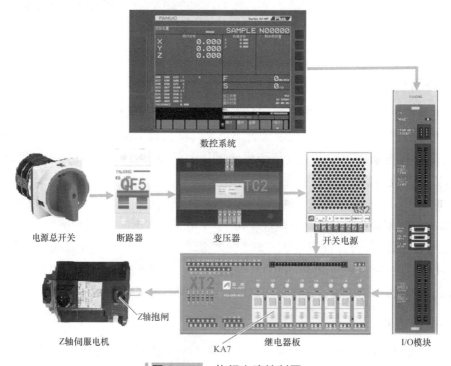

图 3-4-11　抱闸电路控制图

项目评价

项目三评价表

验收项目及要求		配分	配分标准	扣分	得分	备注
原理图符号绘制	1. 绘制 3P 断路器对应的原理图 2. 绘制 2P 断路器对应的原理图 3. 绘制 1P 断路器对应的原理图 4. 绘制开关电源对应的原理图 5. 绘制交流接触器对应的原理图	25	原理图绘制正确、科学合理、符合要求，若错误及不符合要求每处扣 5 分			
原理图功能绘制	1. 绘制数控机床急停功能电气原理图 2. 绘制数控机床冷却功能电气原理图	50	1. 原理图绘制正确、科学合理、符合要求，若错误及不符合要求每处扣 5 分 2. 图形符号规范、标注全、若错误每处扣 5 分 3. 未设计保护环节，扣 10 分 4. 字迹不清楚、不整洁、不美观，每处扣 5 分			
电路测量	测量实际设备上的机床各功能电压	25	测量对应的机床电压，每错一处扣 5 分			
安全生产	1. 自觉遵守安全文明生产规程 2. 保持现场干净整洁，工具摆放有序		1. 每违反一项规定扣 3 分 2. 发生安全事故，按 0 分处理 3. 现场凌乱、乱放工具、乱丢杂物、完成任务后不清理现场扣 5 分			
时间	2h		提前 10min 以上正确完成，加 5 分			

项目测评

1. 绘制 FANUC 系统数控机床电源系统连接原理图。
2. 绘制 FANUC 系统数控机床急停功能电气原理图。
3. 绘制 FANUC 系统数控机床模拟主轴电气原理图。
4. 绘制 FANUC 系统数控机床开关机功能电气原理图。
5. 绘制 FANUC 系统数控机床刀库功能电气原理图。
6. 绘制 FANUC 系统数控机床冷却功能电气原理图。
7. 绘制 FANUC 系统数控机床润滑功能电气原理图。
8. 绘制 FANUC 系统数控机床 Z 轴抱闸电机控制原理图。

项目四

机床刀库电路的设计与装调

项目引入

刀库作为加工中心设备的辅助装置,其调试具有一定的复杂性和代表性,本项目将对刀库电气原理图进行识读和分析,学习刀库电路的电气元器件选择、线路连接及调试过程。

项目目标

1. 理解刀库电气原理图并加以分析。
2. 根据刀库电气原理图选用合适的电气元器件。
3. 根据刀库电气原理图对刀库进行电路连接。
4. 掌握刀库电路的调试方法。

延伸阅读

安全文明生产。

延伸阅读

任务一 刀库电路图样分析与识读

机床刀库电路的设计与装调1

重点和难点

1. 理解 PMC 电路与控制电路之间的关系。
2. 理解刀库电机实现正反转及电路保护的原理。

相关知识

在自动换刀装置中,刀库是最主要的部件之一,是用来储存加工刀具及辅助工具的地方,其容量、布局以及具体结构对数控机床的设计都有很大影响。常见的刀库有斗笠式刀库(见图 4-1-1)、夹臂式刀库(也称斜盘式刀库)(见图 4-1-2)、盘式刀库(也称机械手刀库)

（见图 4-1-3）等。

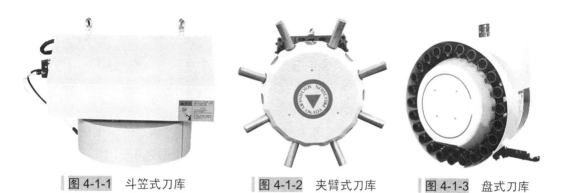

图 4-1-1　斗笠式刀库　　　图 4-1-2　夹臂式刀库　　　图 4-1-3　盘式刀库

一、刀库主电路

在刀库主电路原理图（见图 4-1-4）中，我们可以分析出以下信息。

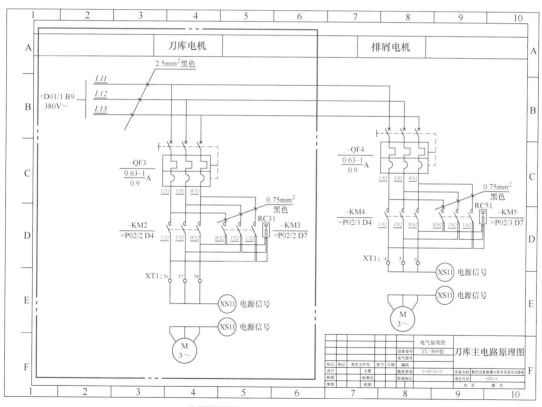

图 4-1-4　刀库主电路原理图

1. 电气元器件

刀库主电路的电气元器件包括断路器 QF3、交流接触器 KM2 主触点、交流接触器 KM3

主触点、三相灭弧器 RC31、XT1 端子排 56～58 号、刀架电机。

2. 导线选用

机床主电路进线使用 2.5mm² 黑色导线，刀库主电路使用 0.75mm² 黑色导线。

3. 电路电压

机床主电路进线电源为三相交流 380V 电源，刀库电机的额定电压也为三相交流 380V。

4. 电路特点

刀库主电路选用两个交流接触器，需要将交流接触器 KM3 主触点的输出侧进行相序的调换，以实现刀库电机的反转控制。灭弧器需接在交流接触器的主触点输出侧。

5. 线号

刀库交流接触器 KM2 和 KM3 的输入侧线号为 U51、V51、W51，输出侧线号为 U52、V52、W52。

二、刀库控制电路

在刀库控制电路原理图（见图 4-1-5）中，我们可以分析出以下信息。

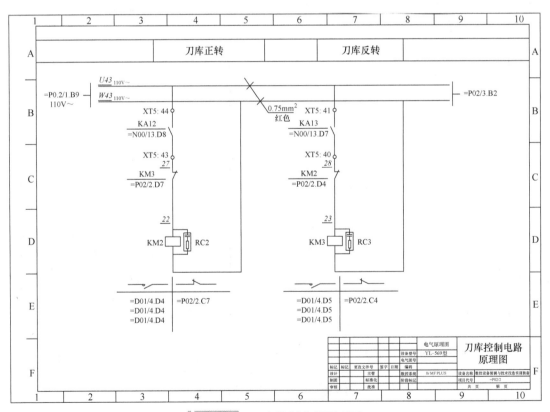

图 4-1-5 刀库控制电路原理图

1. 电气元器件

刀库控制电路的电气元器件包括继电器 KA12 常开触点、继电器 KA13 常开触点、交流接触器 KM2 常闭触点与线圈、交流接触器 KM3 常闭触点与线圈、单相灭弧器 RC2、单相灭弧器 RC3。

2. 导线选用

刀库控制电路使用 0.75mm² 红色导线。

3. 电路电压

机床控制电路进线电源为单相交流 110V 电源，交流接触器线圈电压也为单相交流 110V。

4. 电路特点

刀库控制电路使用两个继电器控制交流接触器线圈，在正转控制电路中串接反转交流接触器的常闭触点，在反转控制电路中串接正转交流接触器的常闭触点，以实现互锁保护；灭弧器需接在交流接触器线圈的两侧。

5. 线号

继电器 KA12 的输入侧线号为 U43，输出侧线号为 27，接触器 KM3 常闭触点输出侧线号为 22；继电器 KA13 的输入侧线号为 U43，输出侧线号为 28，接触器 KM2 常闭触点输出侧线号为 23。

三、刀库 PMC 电路

在刀库 PMC 电路原理图（见图 4-1-6）中，我们可以分析出以下信息。

1. 电气元器件

刀库 PMC 电路的电气元器件包括 I/O 模块、继电器板 XT2、继电器板 XT5、继电器 KA12 线圈、继电器 KA13 线圈。

2. 导线选用

刀库 PMC 电路使用 0.75mm² 蓝色导线。

3. 电路电压

I/O 模块信号输出电压为直流 24V。

4. 电路特点

继电器板 XT2 通过 50 芯排线连接到 I/O 模块的 CB106 接口，然后通过扩展继电器板 XT5 实现 PMC 控制。

5. 线号

从 XT2 端子号 30 连接到 XT5 端子号 7，线号为 Y22；从 XT2 端子号 33 连接到 XT5 端子号 6，线号为 Y21。

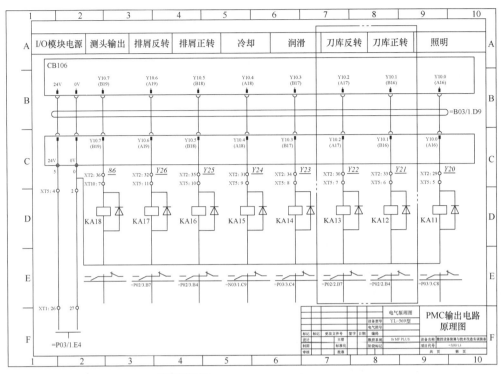

图 4-1-6 刀库 PMC 电路原理图

任务二 电气元器件的选用

重点和难点

根据电路选用合适的电气元器件。

任务实施

任务背景：有一台加工中心，已经安装好刀库，需要先进行电气元器件的选型，已知机床可提供三相 380V 交流电源、单相 110V 以及 24V 直流电源，刀库电机容量为 60W。

第一步：根据电机容量计算负载电流，确定断路器 QF3（见图 4-2-1），此处选择 DZ108-20 型塑料外壳式断路器（见图 4-2-2），其参数见表 4-2-1。

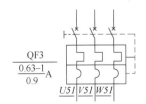

图 4-2-1 断路器 QF3

图 4-2-2 DZ108-20 型塑料外壳式断路器

表 4-2-1　DZ108-20 型塑料外壳式断路器参数

额定电压 /V	额定电流 /A	作用
≤380	0.63～1（可调节）	为电机提供过载、短路保护

第二步：确定交流接触器 KM2 和 KM3（见图 4-2-3），此处选择 D3N 型交流接触器（见图 4-2-4），其参数见表 4-2-2。

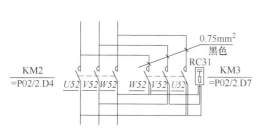

图 4-2-3　交流接触器 KM2 和 KM3

图 4-2-4　D3N 型交流接触器

表 4-2-2　D3N 型交流接触器参数

线圈电压 /V	额定电压 /V	额定工作电流 /A（≤三相 440V）	电动机功率 /kW（380V 50Hz）	作用
110	≤690	6	2.2	可频繁地通、断刀库主电路

第三步：确定灭弧器，有 1 个三相灭弧器（见图 4-2-5 和图 4-2-6）和两个单相灭弧器（见图 4-2-7 和图 4-2-8），其参数见表 4-2-3 和表 4-2-4。

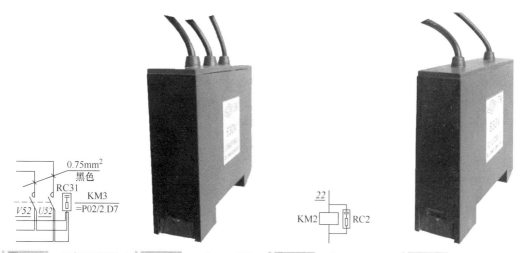

图 4-2-5　三相灭弧器 1　图 4-2-6　三相灭弧器 2　图 4-2-7　单相灭弧器 1　图 4-2-8　单相灭弧器 2

表 4-2-3　三相灭弧器参数

最大工作电压 /V	容量 /μF	阻值 /Ω	作用
≤630	0.1	200	吸收接触器线圈吸合和断开时产生的电弧，防止火灾

表 4-2-4　单相灭弧器参数

最大工作电压 /V	容量 /μF	阻值 /Ω	作用
≤630	0.56	160	吸收接触器主触点开闭时产生的电弧，防止火灾

第四步：确定能够进行互锁保护的辅助触点，此处选择 D3N 型辅助触点（见图 4-2-9 和图 4-2-10），其参数见表 4-2-5。

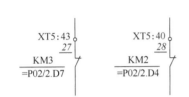

图 4-2-9　辅助触点

图 4-2-10　D3N 型辅助触点

表 4-2-5　D3N 型辅助触点参数

回路触点类型	额定工作电压 /V	约定发热电流 /A	作用
2NO+2NC	≤690	6	主要用于行程互锁电路

第五步：确定 PMC 用于控制交流接触器线圈的中间继电器（见图 4-2-11），此处选择继电器板 XT5（见图 4-2-12），其参数见表 4-2-6。

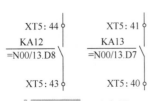

图 4-2-11　继电器

图 4-2-12　继电器板 XT5

项目 四 机床刀库电路的设计与装调

表 4-2-6 继电器板 XT5 参数

供电电压 /V	继电器位数	继电器触点数	作用
DC 24	8 位	1NO+1NC	主要用于控制交流接触器线圈

任务三 刀库电路的连接

机床刀库电路的设计与装调2

重点和难点 ▶

1. 刀库控制电路中互锁电路的连接。
2. 刀库 PMC 电路的连接。

任务实施 ▶

任务背景：有一台加工中心，已经完成电气元器件选型，需要进行刀库主电路、控制电路、PMC 电路的连接，要求使用 Y10.1 信号控制正转、Y10.2 信号控制反转，同时要有互锁保护和灭弧性能。

第一步：连接刀库主电路，一直到 XT1 端子的 56、57、58 位，如图 4-3-1 所示。

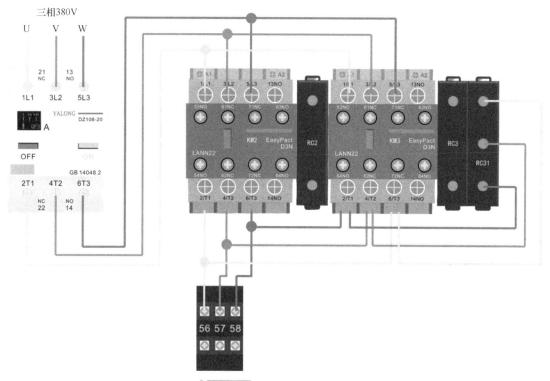

图 4-3-1 刀库主电路连接

第二步：连接刀库正转控制电路，从 XT1 端子 17、18 位引出单相 110V 电源，如

图 4-3-2 所示。

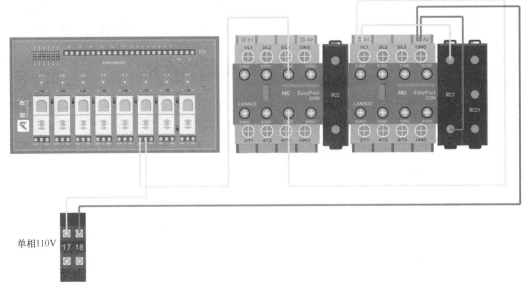

图 4-3-2　刀库正转控制电路连接

第三步：连接刀库反转控制电路，从 XT1 端子 17、18 位引出单相 110V 电源，如图 4-3-3 所示。

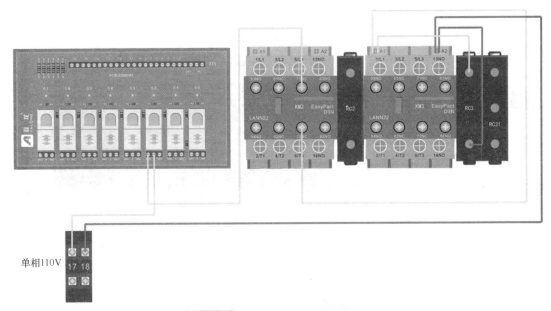

图 4-3-3　刀库反转控制电路连接

第四步：连接刀库 PMC 电路，从继电器板 XT2 的 33 号端子（0.2）连接继电器板 XT5 的 3 号端子，从继电器板 XT2 的 30 号端子（0.3）连接继电器板 XT5 的 4 号端子，如图 4-3-4 所示。

项目 四 机床刀库电路的设计与装调

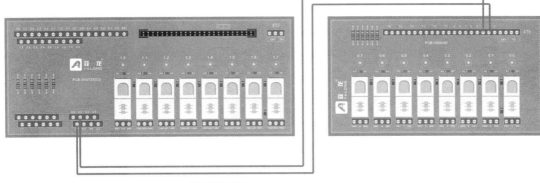

图 4-3-4　刀库 PMC 电路连接

任务四　刀库电路的调试

重点和难点

通过机床操作面板控制刀库电机的旋转。

任务实施

任务背景：有一台加工中心，已经完成了刀库主电路、控制电路、PMC 电路的连接，现需要使用机床现有的梯形图进行刀库电路的调试。

第一步：将刀库电机断路器 QF3（见图 4-4-1）闭合，使主电路先通电。

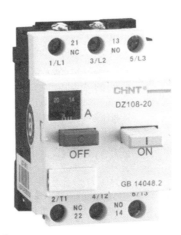

图 4-4-1　刀库电机断路器 QF3

第二步：在机床的 JOG 模式下，按操作面板（见图 4-4-2）刀库正转键，刀库刀盘上的刀号依次递增；按操作面板刀库反转键，刀库刀盘上的刀号依次递减。

71

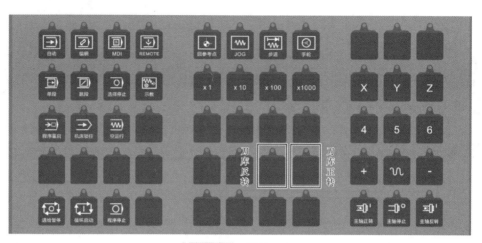

图 4-4-2 操作面板

项目评价

项目四评价表

	验收项目及要求	配分	配分标准	扣分	得分	备注
原理图功能绘制	绘制数控机床刀库功能电气原理图	25	1. 原理图绘制正确、科学合理、符合要求，若错误及不符合要求每处扣 5 分 2. 图形符号规范、标注齐全，若错误每处扣 5 分 3. 未设计保护环节，扣 10 分 4. 字迹不清楚、不整洁、不美观，每处扣 5 分			
线路连接	完成数控机床刀库功能的电气连接	55	1. 元件安装位置错误，每处扣 5 分 2. 元件衔接不到位、零件松动，每处扣 5 分 3. 电路连接错误，每处扣 5 分 4. 导线反圈、压皮、松动，每处扣 5 分 5. 错、漏编线号，每处扣 3 分 6. 导线未入线槽、布线凌乱，每处扣 5 分			
设备功能	1. 刀库正转正常 2. 刀库反转正常 3. 刀库伸出正常 4. 刀库缩回正常	20	1. 机床未实现刀库正转，每处扣 5 分 2. 机床未实现刀库反转，每处扣 5 分 3. 机床未实现刀库伸出，每处扣 5 分 4. 机床未实现刀库缩回，每处扣 5 分			
安全生产	1. 自觉遵守安全文明生产规程 2. 保持现场干净整洁，工具摆放有序		1. 漏接接地线每处扣 5 分 2. 每违反一项规定，扣 3 分 3. 发生安全事故，按 0 分处理 4. 现场凌乱、乱放工具、乱丢杂物、完成任务后不清理现场扣 5 分			
时间		2h	提前 10min 以上正确完成，加 5 分			

项目测评

1. 根据项目中的刀库电路图样描述刀库主电路上电检查方法及过程。
2. 根据项目中的刀库电路图样编写实现任务四的梯形图。

项目五

数控机床参数设定

项目引入

数控系统参数是数控系统厂家为了使数控系统匹配不同配置的数控机床而为用户开放的可以设置的一些数据。它决定了数控机床的功能、控制精度等,数控机床参数设定的正确与否,直接影响了机床的正常工作及机床性能的充分发挥,参数设置不正确,将导致机床功能异常或报警。通过对本项目的学习,可以使学生掌握数控机床常用参数的设定。

项目目标

1. 掌握数控系统基本参数的设定方法。
2. 掌握数控系统伺服参数的设定方法。
3. 掌握数控系统各种类型主轴参数的设定方法。
4. 掌握机床各坐标轴的限位建立与调整。

延伸阅读

知其然,知其所以然。

延伸阅读

任务一 基本参数设定

基本参数设定

重点和难点

1. 理解轴参数中轴分配的概念。
2. 加/减速时间常数参数的设置。

相关知识

一、参数修改方法

修改系统参数,首先需要将机床的模式切换到 MDI 模式,按下机床操作面板上的

73

"MDI"键，显示屏下方会显示当前的机床模式；按下"OFFSET"键，首先进入了刀偏页面，按左翻页键回到上级菜单，如图5-1-1所示。

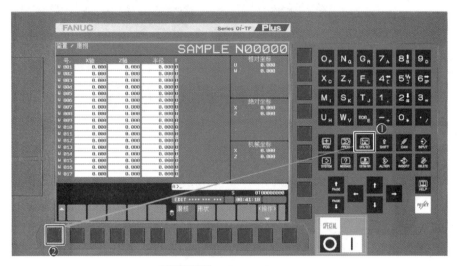

图5-1-1 进入设定界面

按下"设定"键，在写参数中输入"1"，表示打开修改参数的开关。完成上述两步后，就可以开始修改参数了，如图5-1-2所示。

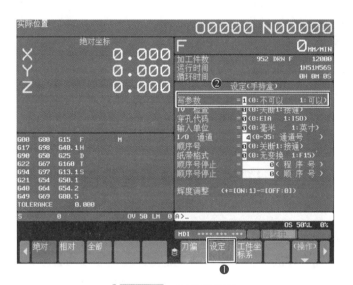

图5-1-2 写参数设定

二、系统配置相关参数

通常在数控系统为非标准的单路径车床或铣床配置时，才需要修改系统配置相关参数，见表5-1-1。

表 5-1-1 系统配置相关参数

参数号	参数说明	设定值
987	系统中最大控制轴数	0（默认值为 0 时：车床为 2 轴，铣床为 3 轴）
988	系统中最大主轴数	0（默认值为 0 时：都为 1 主轴）

三、轴参数

用于设定系统中各个轴的参数，因为每个轴的属性不同，需要对相应的轴设定对应的参数，见表 5-1-2。

表 5-1-2 轴参数

参数号	参数说明	设定值
1001	直线轴的最小移动单位	0（公制单位）
1006#0、#1	设定直线轴或旋转轴	0、0（直线轴）
1020	机床轴名称	88、89、90
1022	机床轴属性	1、2、3
1023	机床轴对应的伺服轴号	1、2、3

四、加/减速时间常数参数

加/减速时间常数参数见表 5-1-3。

表 5-1-3 加/减速时间常数参数

参数号	参数说明	设定值
1620	各轴快速移动直线加/减速的时间常数	60、60、60
1622	各轴切削直线加/减速的时间常数	60、60、60
1624	各轴 JOG 直线加/减速的时间常数	60、60、60

五、DI/DO 相关参数

DI/DO 相关参数见表 5-1-4。

表 5-1-4 DI/DO 相关参数

参数号	参数说明	设定值
3003#0	是否使用数控机床所有轴互锁信号	1（不使用）
3003#2	是否使用数控机床各个轴互锁信号	1（不使用）
3003#3	是否使用数控机床不同轴向的互锁信号	1（不使用）
3004#5	是否进行数控机床超程信号的检查	1（不使用）
3030	数控机床 M 代码的允许位数	0
3031	数控机床 S 代码的允许位数	0
3032	数控机床 T 代码的允许位数	0

任务二 伺服参数设定

伺服参数设定

重点和难点

1. 电机代码的查询方法。
2. 机床无挡块返回参考点的设定方法。

相关知识

一、电机代码查询

在伺服设定中需要填写正确的电机代码，数控系统会根据电机代码自动匹配伺服参数，见表 5-2-1。首先，根据电机铭牌上的"电机型号"以及伺服模块铭牌上的"驱动型号"来决定电机代码。

表 5-2-1 伺服电机代码

电机型号	驱动放大器	电机代码
β iSc2/4000	20A	306
	40A	310
β iSc4/4000	20A	311
	40A	312
β iSc8/3000	20A	283
	40A	294
β iSc12/2000	20A	298
	40A	300
β iSc12/3000	40A	496
	80A	497
β iSc22/3000	40A	481
	80A	482

二、伺服设定

伺服设定的目的是为了使数控系统能适配不同机床的特性，不同的机床会在螺距、伺服电机、反馈装置等配置上有所不同，如图 5-2-1 所示。

按"SYSTEM"键，持续按"右翻页"键，按"参数调整"键，将光标向下移动到"伺服设定"，再单击"操作"键，如图 5-2-2 所示。

按"选择"键，进入伺服设定界面，连续按"右翻页"键，然后按"切换"键，如图 5-2-3 所示。

项目 五 数控机床参数设定

伺服初始化设定

参数号	功能说明
2000#1	电机固有标准参数初始化设定（只需要设置一次0，重启后自动为1）
2020	伺服电机代码代码不同，初始化后的参数也不同）
2001#0～#7	电机极数的AMR值(固定值=0)
1820	指令倍乘比(固定值=2)
2084(N)	柔性齿轮比(设定值：$\dfrac{\text{螺距}}{1000}=\dfrac{N}{M}$)
2085(M)	
2022	电机的旋转方向，顺时针为111，逆时针为-111
2023	速度反馈脉冲数(固定值=8192)
2024	位置反馈脉冲数(固定值=12500)
1821	参考计数器容量(设定值=螺距×1000)

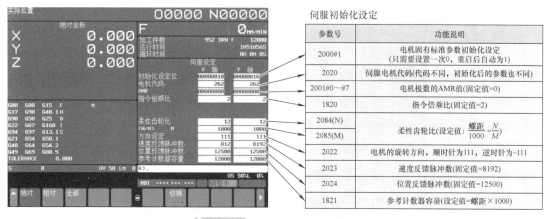

图 5-2-1 伺服设定对应参数

图 5-2-2 进入参数调整

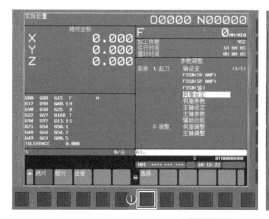

图 5-2-3 进入伺服设定界面

77

将图 5-2-4 中所有参数进行设定，设定完毕后，将数控系统重启即可生效。

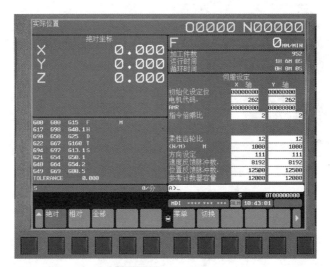

图 5-2-4　伺服设定

三、伺服参数

常用伺服参数见表 5-2-2，设定值因机床而异，表中的设定值仅供参考。

表 5-2-2　常用伺服参数

参数号	参数说明	设定值
1825	每个轴的伺服环增益（数值越大，伺服响应越快）	3000
1826	每个轴的到位宽度	20
1828	每个轴移动中的最大误差	10000
1829	每个轴停止时的最大误差	200

四、轴速度参数

轴速度参数见表 5-2-3，设定值因机床而异，表中的设定值仅供参考。

表 5-2-3　轴速度参数

参数号	参数说明	设定值
1410	所有轴空运行速度	3000
1420	各轴快速移动速度	2500
1421	各轴快速移动倍率的 F0 速度（对应操作面板上的 F0 按键）	500
1423	各轴的 JOG 进给速度	1000
1424	各轴的手动快移速度	2000
1430	各轴的最大切削进给速度	3000

五、回原点参数

回原点参数见表 5-2-4。

表 5-2-4　回原点参数

参数号	参数说明	设定值
1005#1	无挡块参考点设定功能有效	1
1815#4	当前机械位置设为绝对位置的零点	1
1815#5	设置位置编码器的类型为绝对式编码器	1

任务实施

任务背景：有一台机床正在调试，需要对伺服进行设定，根据下列已知信息进行伺服设定。机床 X、Y、Z 轴螺距为 16mm，X、Y、Z 轴电机型号分别为 βiSc12/2000、βiSc12/3000、βiSc22/3000，X 轴伺服放大器型号为 αiSV 40-B，Y 轴伺服放大器型号为 αiSV 80-B，Z 轴伺服放大器型号为 αiSV 80-B，电机的安装方向以及伺服设定后的运行方向分别如图 5-2-5 和图 5-2-6 所示，机床的丝杠都为右旋螺纹。在设定完成后设定 3 个伺服轴的参考点。

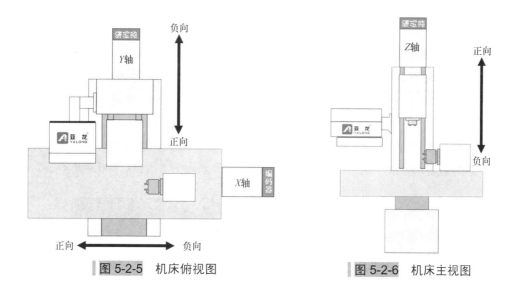

图 5-2-5　机床俯视图　　图 5-2-6　机床主视图

第一步：进入伺服设定界面，由表 5-2-1 可以查到，X 轴电机代码为 496，Y 轴电机代码为 497，Z 轴电机代码为 482，根据螺补可设置柔性齿轮比 N 为螺距 16，柔性齿轮比 M 为 1000，图 5-2-7 中的值中进行了约分，同时指令倍乘比默认为 2。

第二步：根据前面已知的电机的安装方向以及运行方向，可以进行方向设定，如图 5-2-8 所示。

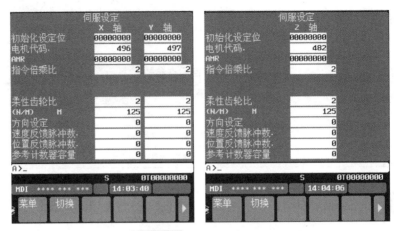

图 5-2-7　设定部分参数

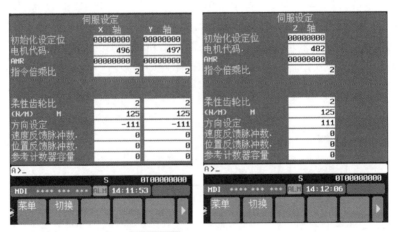

图 5-2-8　设定运行方向

第三步：速度反馈脉冲数和位置反馈脉冲数分别为固定值 8192、12500，如图 5-2-9 所示。

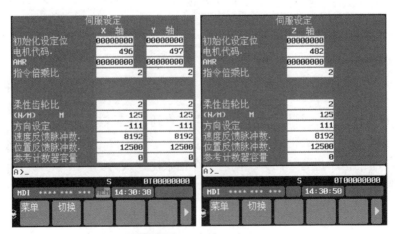

图 5-2-9　设定反馈脉冲数

第四步：参考计数器容量为螺距×1000=16000，如图5-2-10所示。

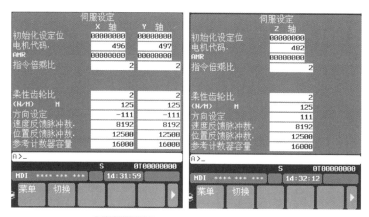

图 5-2-10　设定参考计数器容量

第五步：将初始化设定位都置为0，进行伺服初始化设定，如图5-2-11所示。

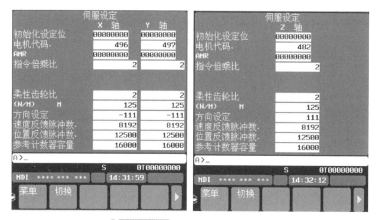

图 5-2-11　伺服初始化设定

第六步：将伺服参数01825、01826、01828、01829进行设置，如图5-2-12所示。

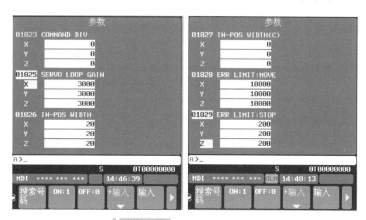

图 5-2-12　设定伺服参数

第七步：开机后，将参数 O1005#1 都设为 1，无挡块返回参考点功能有效，如图 5-2-13 所示。

第八步：将参数 O1815#5 都设为 1，启用绝对位置编码器，如图 5-2-14 所示。

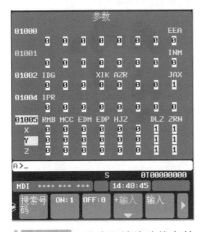

图 5-2-13　设定无挡块功能有效

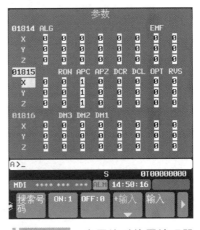

图 5-2-14　启用绝对位置编码器

第九步：将数控系统断电重启，使参数生效。

第十步：将机床 X、Y、Z 轴移动到适合设为零点的位置，将参数 O1815#4 都设为 1，确定当前位置为参考点，如图 5-2-15 所示。

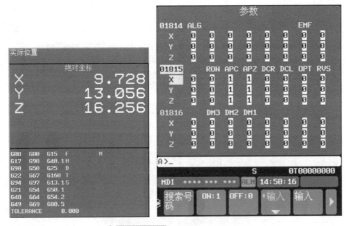

图 5-2-15　建立参考点

第十一步：将数控系统断电重启，使参考点生效。

任务三 主轴参数设定

重点和难点

1. 主轴电机代码的查询方法。
2. 主轴定向位置数据的查询方法。

相关知识

一、主轴电机代码查询

在主轴设定中需要填写正确的电机代码，数控系统会根据电机代码自动匹配主轴参数。首先，根据主轴电机铭牌上的"电机型号"及主轴模块铭牌上的"驱动型号"来决定电机代码（见表 5-3-1）。

表 5-3-1 主轴电机代码

	电机型号	α/β iSP-5.5	α/β iSP-7.5	α/β iSP-11	α/β iSP-15
电机代码	β iI3/12000	332	336	337	338
	β iI6/12000	/	/	333	339
	β iI8/12000	/	/	341	342

二、串行主轴设定

机床的速度、转矩、负载等配置不同，会导致主轴电机不同，主轴设定的目的是为了使数控系统能适配不同的主轴电机，如图 5-3-1 所示。

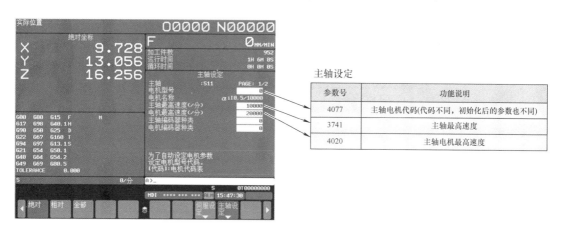

图 5-3-1 伺服设定对应参数

按"SYSTEM"键，持续按"右翻页"键，然后按"主轴设定"键，进入主轴设定界面，如图 5-3-2 所示。

图 5-3-2 进入主轴设定界面

将图 5-3-3 中所有参数进行设定，设定完毕后，按"设定"键，将数控系统重启即可生效。

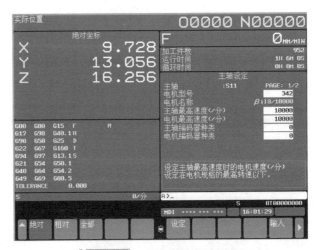

图 5-3-3 主轴设定对应参数

三、串行主轴参数

串行主轴参数见表 5-3-2。

表 5-3-2 串行主轴参数

参数号	参数说明	设定值
3716#0	主轴类型为串行主轴	1
3717	各主轴的主轴放大器号	1

(续)

参数号	参数说明	设定值
3718	主轴名称	80
3720	主轴位置编码器的脉冲数	4096
3736	主轴电机最高钳制转速	4095
3741	与齿轮 1 对应的主轴最大转速	10000
4077	主轴定向位置	根据实际设定
8133#5	使用主轴串行输出	0

四、模拟主轴参数

模拟主轴参数见表 5-3-3。

表 5-3-3　模拟主轴参数

参数号	参数说明	设定值
3716#0	主轴类型为串行主轴	0
3717	各主轴的主轴放大器号	1
3718	主轴名称	80
3720	主轴位置编码器的脉冲数	4096
3730	主轴速度模拟输出的增益调整数据	1000
3736	主轴电机最高钳制转速	4095
3741	与齿轮 1 对应的主轴最大转速	1400
8133#5	不使用主轴串行输出	1

任务实施

任务背景：有一台机床正在调试，需要对串行主轴进行设定，已知下列信息：主轴和主轴电机为 1:1 带传动，如图 5-3-4 所示，主轴电机型号为 β iI8/12000，主轴放大器型号为 α iSP 15-B。在主轴设定完毕后需要进行刀库换刀，还需要进行主轴定向的位置设定。

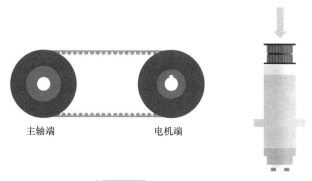

图 5-3-4　主轴传动图

第一步：进入主轴设定界面，由表 5-3-1 可以查到，主轴电机代码为 342，如图 5-3-5 所示。

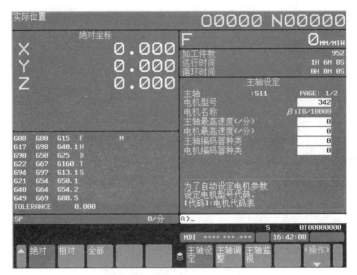

图 5-3-5　主轴电机代码设定

第二步：①主轴电机最高转速为 10000r/min，因为主轴与电机传动比为 1:1，所以主轴最高转速也为 10000r/min；②按下"设定"键，如图 5-3-6 所示。

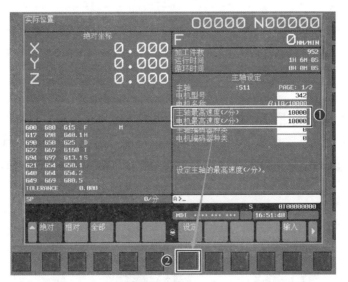

图 5-3-6　主轴转速设定

第三步：①按"SYSTEM"键，进入参数界面；②将表 5-3-2 中的参数一一写入，如图 5-3-7 所示，写入 3716#1，其他参数写入方法类似。

第四步：将数控机床总电源断开，使放大器模块断电，重启后，主轴参数生效。

图 5-3-7　填写定向位置数据

第五步：①按"SYSTEM"键；②按"诊断"键，进入诊断界面，如图 5-3-8 所示。

图 5-3-8　进入诊断界面

第六步：①在输入框中输入"445"；②按"搜索号码"键；③在"位置数据"一栏中记录主轴的位置信息，进入诊断画面，如图 5-3-9 所示。

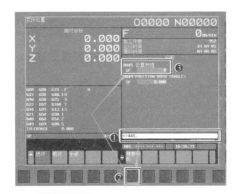

图 5-3-9　记录当前位置数据

第七步：将主轴旋转并移动到能使主轴压刀块卡进键槽中的位置，如图 5-3-10 所示。

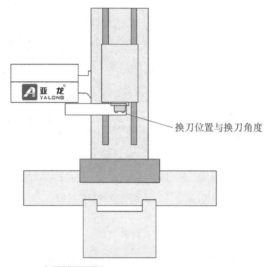

图 5-3-10　调整主轴定向与位置

第八步：①按"SYSTEM"键，进入参数界面；②在输入框中输入"4077"；③按"搜索号码"键，将前面诊断号 445 中的数据写入，如图 5-3-11 所示。

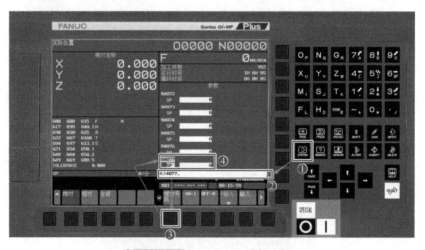

图 5-3-11　填写定向位置数据

第九步：分别执行 M03 主轴正转、M04 主轴反转、M05 主轴停止、M19 主轴定向等指令进行测试。

项目 五 数控机床参数设定

任务四 软、硬限位的设置与调整

重点和难点

能够区分软限位与硬限位。

相关知识

一、设置限位的目的

设置机床硬限位和软限位的主要目的是为了保护机床运行安全，无论是在手动、自动方式下机床超出工作台，都可能导致机床精度变差或产生机械损伤，所以在超出工作台前加入软限位或硬限位，可以提前使机床进入停止状态并产生报警。

二、软限位参数

软限位参数见表 5-4-1。

表 5-4-1　软限位参数

参数号	参数说明	设定值
1320	机床正向软限位	根据机床实际位置
1321	机床负向软限位	根据机床实际位置

三、硬限位参数与 PMC 信号

硬限位参数见表 5-4-2，硬限位 PMC 信号见表 5-4-3。

表 5-4-2　硬限位参数

参数号	参数说明	设定值
3004#5	检测机床硬限位（如需屏蔽，硬限位应设为1）	0

表 5-4-3　硬限位 PMC 信号

地址	信号说明
G114.0	X 轴正向限位
G116.0	X 轴负向限位
G114.1	Y 轴正向限位
G116.1	Y 轴负向限位
G114.2	Z 轴正向限位
G116.2	Z 轴负向限位

任务实施

任务背景：有一台机床正在调试，硬限位开关已经安装并调整好位置，现在需要设置机床软限位与硬限位。

第一步：①机床 X、Y、Z 轴按顺序分别移动到正向硬限位前的位置，并留出一定余量（10mm 左右）；②按"SYSTEM"键，进入参数界面；③按"全部"键，将各个轴的机械坐标写入 1320 中，如图 5-4-1 所示。

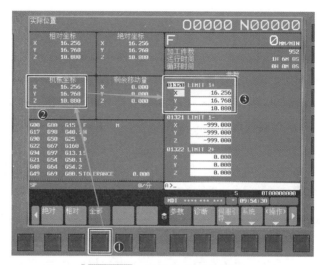

图 5-4-1　设置机床正向限位

第二步：①机床 X、Y、Z 轴按顺序分别移动到负向硬限位前位置，并留出一定余量（10mm 左右）；②将各个轴的机械坐标写入 1321 中，如图 5-4-2 所示。

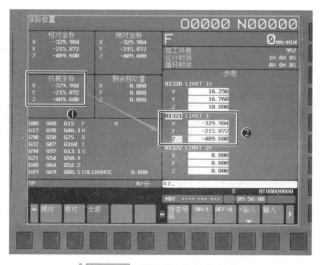

图 5-4-2　设置机床负向限位

项目 五 数控机床参数设定

第三步：①将参数 3004#5 改为 0，使机床硬限位有效，如图 5-4-3 所示；②机床沿正向移动，到达硬限位开关时，产生 OT506 报警，如图 5-4-4 所示。

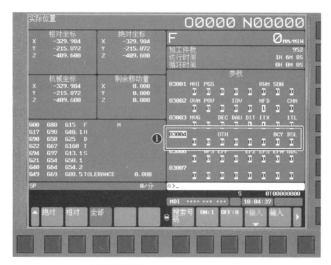

图 5-4-3　设置机床硬限位

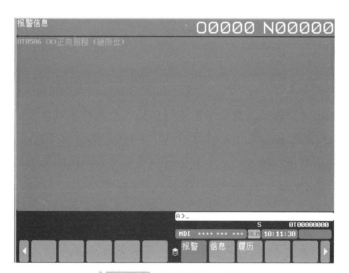

图 5-4-4　测试机床硬限位

项目评价

项目五评价表

	验收项目及要求	配分	配分标准	扣分	得分	备注
基本参数设定	1. 将参数开关打开，参数可修改 2. 完成轴相关参数设置	20	1. 没有将写参数打开，扣 2 分 2. 轴相关参数设置错误或漏设，每处扣 2 分			

(续)

验收项目及要求		配分	配分标准	扣分	得分	备注
伺服参数设定	1. 完成伺服画面上的参数设定 2. 完成轴速度参数设定	20	1. 伺服画面上参数设定错误或漏设，每处扣2分 2. 轴速度参数设定错误或漏设，每处扣2分			
主轴参数设定	1. 主轴电机代码参数设定 2. 串行主轴设定 3. 模拟主轴设定	20	1. 主轴电机代码参数设定错误，每处扣2分 2. 根据实际设备选定串行主轴或模拟主轴设定错误，每处扣2分			
软、硬限位的设置与调整	1. 设定软限位功能 2. 设定硬限位功能	20	1. 设定软限位功能错误，扣5分 2. 设定硬限位功能错误，扣5分			
设备功能	1. 主轴正转正常 2. 主轴反转正常 3. 伺服轴移动正常 4. 软限位功能正常 5. 硬限位功能正常	20	1. 主轴正转不正常，扣2分 2. 主轴反转不正常，扣2分 3. 伺服轴移动不正常，扣2分 4. 软限位功能不正常，扣2分 5. 硬限位功能不正常，扣2分			
安全生产	1. 自觉遵守安全文明生产规程 2. 保持现场干净整洁，工具摆放有序		1. 每违反一项规定扣3分 2. 发生安全事故，按0分处理 3. 现场凌乱、乱放工具、乱丢杂物、完成任务后不清理现场扣5分			
时间	2h		提前10min以上正确完成，加5分			

项目测评

1. 有一台数控铣床正在调试，需要根据下列已知信息进行伺服设定：机床 X、Y、Z 轴螺距分别为 10mm，X、Y、Z 轴电机型号分别为 β iSc12/2000、β iSc12/3000、β iSc22/3000，X 轴、Y 轴伺服放大器型号为 α iSV 40/80（30I-B），Z 轴伺服放大器型号为 α iSV 80（30I-B）。

2. 有一台数控铣床，需要根据下列信息对主轴进行设定：主轴电机型号为 β iI3/12000-B，主轴放大器型号为 α iSP-5.5，主轴与主轴电机采用直连方式，主轴最高转速为 10000r/min。

3. 一台数控铣床，采用无挡块回原点方式，需要设置机床原点，使各轴满足如下行程范围：X 轴的行程范围为 $-100.553 \sim 99.382$mm，Y 轴的行程范围为 $-80.225 \sim 80.764$mm，Z 轴的行程范围为 $-140.002 \sim 10.001$mm。

4. 有一台数控铣床正在调试，需要根据如下信息进行速度设定，空运行速度为 2000mm/min，JOG 速度为 3000mm/min，JOG 倍率最大为 150%，最大切削进给速度为 3500mm/min，回原点速度为 2800mm/min，伺服环增益为 5000，移动时，允许的最大位置偏差量为 2000，停止时，允许的最大位置偏差量为 200，到位宽度为 50，请根据以上要求进行速度参数设置，并推算不产生 SV411 报警的机床最大快移速度。位置偏差量与进给速度的关系式如下：位置偏差量 = 速度 ×1000/（60× 位置环增益）。(**说明**：位置偏差量单位为 0.001mm，速度单位为 mm/min，位置环增益单位为 $0.01s^{-1}$)

项目六

PMC基本操作与功能应用

项目引入

掌握 PMC 的基本操作是数控机床调试维修和功能开发的前提，是数控机床调试、维修人员的必备技能。本项目重点学习 I/O 模块地址分配、PMC 设定、信号诊断、信号强制、信号跟踪、梯形图的搜索与编辑，通过对上述内容的学习，使学生熟练掌握 FANUC 数控系统的 PMC 画面基本操作、信号的检查与使用、梯形图编辑方法。

项目目标

1. 掌握 I/O 模块地址分配方法。
2. 了解 PMC 设定各项功能的含义。
3. 掌握 PMC 信号诊断、信号强制、信号跟踪的使用方法。
4. 掌握梯形图信号的搜索与梯形图程序的编辑方法。
5. 掌握机床自定义报警的创建方法。

延伸阅读

延伸阅读

学深悟透，融会贯通。

任务一 PMC 信号介绍

PMC信号介绍

重点和难点

1. 理解 X、Y、F、G 等信号与 CNC、PMC、机床外围的关系。
2. 活用 F、G 信号，通过梯形图为数控机床编写功能程序。

相关知识

一、什么是 PMC

学习 PMC，首先应简单了解 PLC。PLC 是为进行自动控制设计的装置，PLC 以微处理器为核心，可视为继电器、定时器及计数器的集合体。在内部顺序处理中，并联或串联常开触点和常闭触点，其逻辑运算结果用来控制线圈的通断。与传统的继电器控制电路相比，PLC 的优点有时间响应速度快、控制精度高、可靠性好、结构紧凑、抗干扰能力强、编程方便、能根据控制需要修改程序、可与计算机相连、监控方便、便于维修。

PMC 与 PLC 所需实现的功能基本是一样的，PLC 是用于工厂一般通用设备的自动控制装置，而 PMC 是专用于数控机床外围辅助电气部分的自动控制装置，所以称为可编程序机床控制器，简称 PMC。

从被控制对象来说，数控系统分为控制伺服电机和主轴电机做各种进给切削动作的系统部分和控制机床外围辅助电气的 PMC 部分。图 6-1-1 是 PMC 与 CNC 及机床外设之间的信号传输关系。

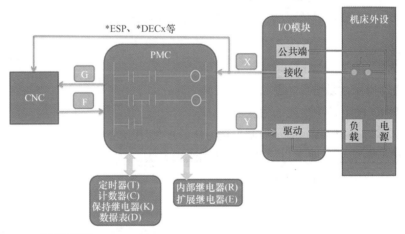

图 6-1-1　PMC 与 CNC 及机床外设之间的信号传输关系

X 地址是来自机床侧到 PMC 的输入信号，如接近开关、限位开关、压力开关、操作按钮等输入信号元件，I/O link 的地址一般是从 X0 开始的，也可以根据实际需要设定。PMC 接收从机床侧各装置反馈的输入信号，在控制程序中进行逻辑运算，作为机床动作的条件及对外围设备进行诊断的依据。

Y 地址是由 PMC 输出到机床侧的信号，在 PMC 控制程序中，根据自动控制的要求，输出信号控制机床侧的电磁阀、接触器、信号灯等动作，满足机床运行的需要。I/O link 的地址一般是从 Y0 开始的，也可以根据实际需要设定。

F 地址是由控制伺服电机与主轴电机的系统侧输入到 PMC 的信号，系统部分就是将伺服电机和主轴电机的状态，以及请求相关机床动作的信号（如移动中信号、位置检测信号、系统准备完成信号等）反馈到 PMC 中进行逻辑运算，作为机床动作的条件及进行自诊断的依据，其地址从 F0 开始。

G 地址是由 PMC 侧输出到系统侧的信号，对系统部分进行控制和信息反馈（如轴互锁信号、M 代码执行完毕信号等），其地址从 G0 开始。

表 6-1-1 是常用信号及其容量。

表 6-1-1 常用信号及其容量

字符	信号说明	型号	
		PMC 存储器 A	PMC 存储器 B
X	输入信号（MT-PMC）	X0～X255	X0～X127 X200～X327
Y	输出信号（PMC-MT）	X0～X255	Y0～Y127 Y200～Y327
F	输入信号（NC-PMC）	F0～F767	F0～F767 F1000～F1767
G	输出信号（PMC-NC）	G0～G767	G0～G767 G1000～G1767
R	内部继电器	R0～R1499	R0～R1499
R	系统继电器	R9000～R9499	R9000～R9499
E	扩展继电器	E0～E9999	E0～E9999
A	信息请求信号	A0～A249 A9000～A9499	A0～A249 A9000～A9499
C	计数器	C0～C399 C5000～C5039	C0～C79 C5000～C5039
K	保持继电器	K0～K19 K900～K999	K0～K19 K900～K999
D	数据表	D0～D2999	D0～D2999
T	可变定时器	T0～T79 T9000～T9079	T0～T79 T9000～T9079
L	标签	L1～L9999	L1～L9999
P	子程序	P1～P512	P1～P512

二、常用 PMC 地址介绍

在数控系统中，只有 F 信号、G 信号以及部分的 X 信号、R 信号是由数控系统厂家定义好功能的地址，其余 X、Y、R 等信号可由用户自行定义。G 信号用于请求数控系统执行功能，F 信号用于数控系统反馈状态，F 信号不可出现在梯形图程序的线圈上。常用的 X 信号、G 信号与 F 信号见表 6-1-2。

表 6-1-2 常用 X 信号、G 信号与 F 信号

信号	信号说明	信号	信号说明
X4.0、X4.1、X4.2~X4.6	跳转信号	F0.0	倒带中信号
X4.2~X4.5	刀具补偿量写入信号	F0.4	自动运行休止中信号
X4.6	跳转信号（PMC 轴控制）	F0.5	自动运行启动中信号
X4.7	跳转信号	F0.6	伺服准备完成信号
X8.0	急停信号	F0.7	自动运行中信号
X8.1		F1.0	报警中信号
X8.4		F1.1	复位中信号
X9	返回参考点用减速信号	F1.2	电池报警信号
G4.3	完成信号	F1.3	分配完成信号
G6.0	程序再启动信号	F2.6	切削进给中信号
G7.2	自动运行启动信号	F2.7	空运行确认信号
G8.0	全轴互锁信号	F3.0	增量进给选择确认信号
G8.4	急停信号	F3.1	手动手轮进给选择确认信号
G10、G11	手动进给速度倍率信号	F3.2	JOG 进给选择确认信号
G12	自动进给速度倍率信号	F3.3	手动数据输入选择确认信号
G14.0、G14.1	快速移动倍率信号	F3.4	DNC 运行选择确认信号
G18.0~G18.3	手动手轮进给轴选择信号	F3.5	自动运行选择确认信号
G19.4~G19.6	手动手轮进给移动量选择信号	F4.0	可选程序段跳转确认信号
G19.7	手动快速移动选择信号	F4.1	全轴机床锁住确认信号
G29.6	主轴停止信号	F4.5	辅助功能锁住确认信号
G30	主轴速度倍率信号	F7.0	辅助功能选通信号
G43.0~G43.2	模式选择信号	F7.2	主轴功能选通信号
G43.5	DNC 运行选择信号	F7.3	刀具功能选通信号
G43.7	手动返回参考点选择信号	F10	辅助功能代码信号
G44.0	可选程序段跳转信号	F26	刀具功能代码信号
G44.1	全轴机床锁住信号	F45.0	报警信号
G46.1	单程序段信号	F45.1	速度零信号
G46.3~G46.6	存储器保护信号	F45.2	速度检测信号
G46.7	空运行信号	F45.3	速度到达信号
G70.4	反向旋转信号（串行主轴）	F45.7	定向完成信号
G70.5	正向旋转信号（串行主轴）	F94	返回参考点完成信号
G70.6	定向信号（串行主轴）	F96	返回第 2 参考点完成信号
G70.7	机械准备完成信号（串行主轴）	F98	返回第 3 参考点完成信号
G71.1	急停信号（串行主轴）	F100	返回第 4 参考点完成信号

（续）

信号	信号说明	信号	信号说明
G100	进给轴正方向选择信号	F102	轴移动中信号
G102	进给轴负方向选择信号	F104	到位信号
G114	正向超程信号	F106	轴移动方向信号
G116	负向超程信号	F108	镜像确认信号
G130	各轴互锁信号	F110	控制轴拆除中信号
G132	各轴负向互锁信号		
G134	各轴正向互锁信号		

任务二 I/O 地址设定

重点和难点

1. 掌握关于组、基板、槽的概念，便于理解地址分配方法。
2. 掌握基于 I/O Link i 通信总线的 I/O 模块地址分配。

I/O 地址设定

相关知识

一、I/O 模块的种类

1. 操作面板用 I/O 模块

该 I/O 模块主要用于连接第三方机床操作面板，在经济型机床所需 I/O 数量不多的情况下可以采用此 I/O 模块。该 I/O 模块共分为 A1、B1、B2 三种类型，A1 与 B1 的区别在于 A1 为矩阵扫描，B2 相比 B1 缺少手轮接口。操作面板用 I/O 模块如图 6-2-1 所示。

图 6-2-1 操作面板用 I/O 模块

2. 电气柜用 I/O 模块

电气柜用 I/O 模块用于处理强电电路的输入/输出信号，配有手轮接口。它比较适用于

I/O 点数相对较少，机床操作面板点数不多的中小型机床或配备了 FANUC 标准机床操作面板的机床，具有较高的性价比。电气柜用 I/O 模块如图 6-2-2 所示。

3. I/O Unit-Model A 单元

I/O Unit-Model A 单元（见图 6-2-3）相比其他种类的 I/O 模块具有组合灵活、功能多样的特点，因其可以进行扩展，可增加处理模拟输入/输出信号、高速计数信号、温度信号等，因此在高端机床上应用更为广泛。

图 6-2-2 电气柜用 I/O 模块

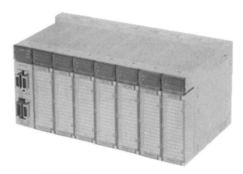

图 6-2-3 I/O Unit-Model A 单元

二、I/O 模块的物理地址

对于连接到系统的 I/O 模块，系统需要先确定每个 I/O 模块在整个回路中的物理位置，然后去确定每个 I/O 模块的输入信号 X_m、输出信号 Y_n 里 m 和 n 的起始地址，当每个 I/O 模块的起始地址定义好后，对应的 I/O 模块上每个物理输入、输出点就都具备了确定的地址。简单来说，地址分配就是将 I/O 模块的硬件连接地址与软件地址进行匹配。

为了进行地址分配，将 I/O 模块的连接定义为组（Group）、基板（base）和槽（slot），基板是在 I/O Link 通信总线分配界面中的提法，在 I/O Link i 界面中没有基板的概念。

1. 组号（Group）

系统与 I/O 模块之间通过 I/O Link 或 I/O Link i 通信总线进行串行连接，离系统最近的为第 0 组，之后的模块依次加 1，最大为第 15 组，每组点数可达 256 点。

2. 基板号（base）

对于 I/O 模块 IO Unit-Model A 来说，在一个组中可以连接有扩展模块。因此，对于基本模块和扩展模块可以分别定义成 0 基板、1 基板，对于其他通用 I/O 模块来说，都默认只使用 0 基板。

3. 槽号（base）

对于 I/O 模块 I/O Unit-Model A 来说，在每个基座上都有相应的模块插槽，定义时要分别以安装的插槽顺序从 1 开始定义每个插槽的物理位置，最大为 10 槽。对于其他通用 I/O 模块来说，都是默认 1 槽，仅在分配手轮时需要用到 MPG 槽。

4. I/O 模块连接与设定示例

举例：一台机床上有一块原装机床操作面板、一台电气柜用 I/O 单元、两台 I/O Unit-Model A 单元。当所有模块按连接顺序连接完成后，对应的物理地址如图 6-2-4 所示。

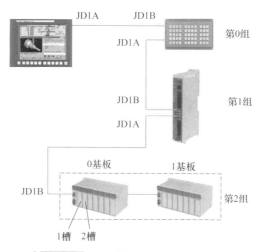

图 6-2-4 I/O 模块连接与物理地址

任务实施

任务背景：一台机床上有两台电气柜用 I/O 单元、一个手轮，I/O 模块的整体连接如图 6-2-5 所示，第 0 组 I/O 模块的输入 / 输出信号起始位置分别为 X6 和 Y6，第 1 组 I/O 模块的输入 / 输出信号起始位置为 X24 和 Y24，手轮连接于第 0 组 I/O 模块，根据要求进行 I/O 模块的地址分配。

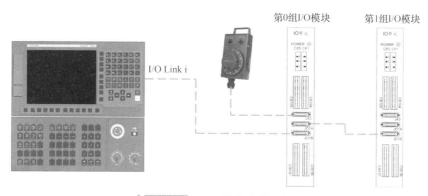

图 6-2-5 I/O 模块连接示例

第一步：在数控系统 MDI 面板上，①按下"SYSTEM"键；②连续按"右翻页"键；③找到并按下"PMC 配置"键，进入 PMC 配置界面，如图 6-2-6 所示。

图 6-2-6　进入 PMC 配置界面

第二步：在 PMC 配置界面中，①连续按"右翻页"键；②找到并按下"I/O Link i"键，进入 I/O Link i 组设定界面；③按下"操作"键，如图 6-2-7 所示。

图 6-2-7　进入 I/O Link i 组设定界面

第三步：按下"编辑"键，进入 I/O Link i 编辑状态，如图 6-2-8 所示。

第四步：首先分配第 0 组 I/O 模块，第 0 组 I/O 模块的物理地址为组 0、槽 1，按下"新"键，首行中"GRP（组）"为 0，"槽"为 1，其中"PMC"为 PMC1，对此切勿进行更改，如图 6-2-9 所示。

第五步：第 0 组 I/O 模块的输入 / 输出信号起始位置分别为 X6 和 Y6，将光标移至"输入"文本框，填入"X6"，将光标移至"输出"文本框，填入"Y6"。在"输入"与"输出"文本框的右侧可填写分配信号的长度，电气柜用 I/O 单元的输入信号长度为 12B，输出信号长度为 8B，因此，"输入"信号长度为 12，"输出"信号长度为 8，如图 6-2-10 所示。

项目 六 PMC基本操作与功能应用

图 6-2-8　进入 I/O Link i 编辑状态

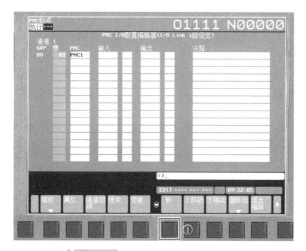

图 6-2-9　新建第 0 组 I/O 模块

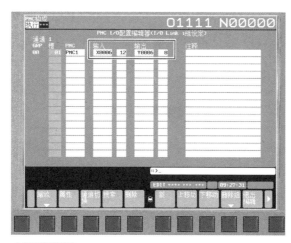

图 6-2-10　第 0 组 I/O 模块输入 / 输出信号分配

第六步：按下"属性"键，切换到信号分配的属性界面，如图 6-2-11 所示。

图 6-2-11　第 0 组 I/O 模块属性界面

第七步：①将光标移至"MPG"，填入 1，"MPG"中此时显示为 * 号，且组（GRP）0 后附带一个"+"；②然后按下"缩放"键，进入 I/O Link i 槽设定界面，如图 6-2-12 所示。

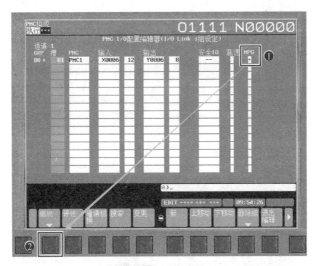

图 6-2-12　添加手轮

第八步：进入 I/O Link i 槽设定界面后，①按"下一槽"键，此时蓝绿色光标移动到"槽 MPG"这一行上；②将光标移至"X 地址"文本框，因为手轮的 X 地址为第 0 组电气柜用 I/O 单元起始输入信号 X6 加上 12，因此"X 地址"文本框中填入"X0018"，"大小"文本框自动填入信号长度"1"；③完成后，按"缩放结束"键，此时已完成第 0 组 I/O 设备的信号分配，如图 6-2-13 所示。

项目 六 PMC基本操作与功能应用

图 6-2-13　分配手轮信号 1

第九步：①将光标移至组（GRP）0 的下一行；②按"新"键，第二行中"组（GRP）"为 1，"槽"为 1，其中"PMC"为 PMC1，对此切勿进行更改，如图 6-2-14 所示。

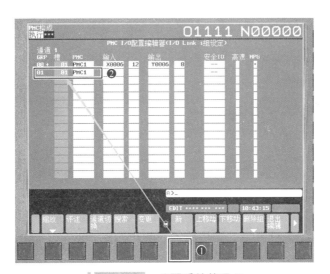

图 6-2-14　分配手轮信号 2

第十步：第 1 组 I/O 模块的输入/输出信号起始位置分别为 X24 和 Y24，①将光标移至"输入"，填入"X0024"，光标移至"输出"文本框，填入"Y0024"，在"输入"与"输出"文本框右边的文本框中可填写分配信号的长度：不分配手轮时，电气柜用 I/O 单元的输入信号长度为 12 字节，输出信号长度为 8 字节，因此输入信号长度为 12，输出信号长度为 8；②按"右翻页"键，如图 6-2-15 所示。

第十一步：①按"选择有效"键；②当界面显示出"SEL"这一列时；③按"右翻页"键，如图 6-2-16 所示。

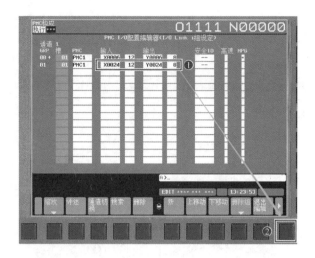

图 6-2-15　第 1 组 I/O 模块输入 / 输出信号分配

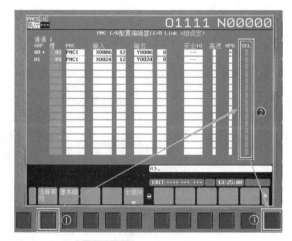

图 6-2-16　显示选择有效

第十二步：①按"退出编辑"键，提示是否要将数据写入 ROM；②按"是"键，如图 6-2-17 所示。

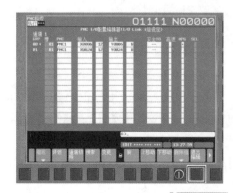 

图 6-2-17　保存配置

第十三步：按"分配选择"键，进入 I/O Link i 分配选择界面，如图 6-2-18 所示。

图 6-2-18　进入分配选择界面

第十四步：①将光标移至每一组后的"SEL"列；②按"有效"键，"SEL"列复选框被勾选；③两行都被勾选后，按"退出"键，如图 6-2-19 所示。

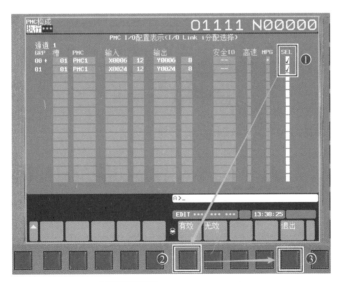

图 6-2-19　分配选择有效

第十五步：①按"SYSTEM"键；②按"参数"键进入参数界面，如图 6-2-20 所示。
第十六步：①输入"11933"；②按"搜索号码"键找到对应的参数；③检查参数 11933 中 CH1 是否为 1，如果不为 1，将该参数改为 1，如图 6-2-21 所示。

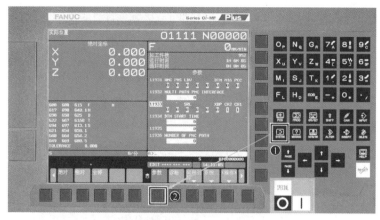

图 6-2-20 进入参数界面

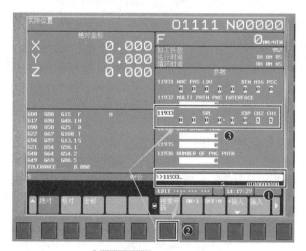

图 6-2-21 参数检查

第十七步:重启数控系统使 I/O Link i,分配生效。

任务三 PMC 设定功能及其应用

PMC设定功能及其应用

重点和难点 ▶

1. 掌握在 PMC 设定中开启梯形图编辑和保存的功能。
2. 掌握在 PMC 设定中开启梯形图自动运行的功能。

相关知识 ▶

PMC 设定界面及功能

PMC 设定界面专门用于设定 PMC 某些特定功能,机床维护人员可以根据维护、生产等特定需求对 PMC 设定进行修改，以保护 PMC 的某些数据不易被机床操作者修改，进而影响机床运行安全。

1. PMC 设定（总）

PMC 设定（总）界面中包含多项功能，如图 6-3-1 所示，通过机床 MDI 面板的 PAGE↑或 PAGE↓可进行翻页查看。

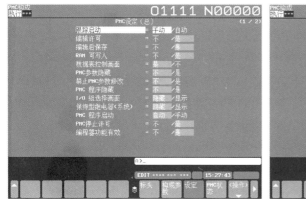

图 6-3-1　PMC 设定（总）界面

跟踪启动（K906.5）—手动：通过在跟踪功能中进行相关设定后以手动的方式来执行跟踪功能。

　　　　　　　　　　自动：开机后自动执行跟踪功能。

编辑许可（K901.6）—不：不允许在模块界面中进行 I/O 设备的编辑。

　　　　　　　　　是：允许在模块界面中进行 I/O 设备的编辑。

编辑后保存（K902.0）—不：梯形图被修改后不提示写入 F-ROM。

　　　　　　　　　　是：梯形图被修改后提示写入 F-ROM。

RAM 可写入（K900.4）—不：RAM 写入不允许。

　　　　　　　　　　是：RAM 写入允许。

数据表控制画面（K900.7）—不：不允许编辑 PMC 参数中的数据表。

　　　　　　　　　　　是：允许编辑 PMC 参数中的数据表。

PMC 参数隐藏（K902.6）—不：显示 PMC 参数。

　　　　　　　　　　是：不显示 PMC 参数。

禁止 PMC 参数修改（K902.7）—不：允许 PMC 参数被修改。

　　　　　　　　　　　是：不允许 PMC 参数被修改。

PMC 程序隐藏（K900.0）—不：显示梯形图。

　　　　　　　　　　是：不显示梯形图，提示此功能被保护。

I/O 组选择画面（K906.1）—隐藏：I/O LINK 组选择功能无效。

　　　　　　　　　　　显示：I/O LINK 组选择功能有效。

保持型继电器（系统）(K906.6)——隐藏：不显示保持型继电器 K900～K999。
　　　　　　　　　　　　　　显示：显示保持型继电器 K900～K999。
PMC 程序启动（K900.2）——自动：梯形图在数控系统启动后自动运行。
　　　　　　　　　　　手动：梯形图在数控系统启动后需手动启动。
PMC 停止许可（K902.2）——不：在 PMC 状态界面中无法停止梯形图的运行。
　　　　　　　　　　　是：在 PMC 状态界面中允许停止梯形图的运行。
编程器功能有效（K900.1）——不：不显示 PMC 梯形图的编辑键。
　　　　　　　　　　　是：显示 PMC 梯形图的编辑键。
I/O 构成编辑允许（K907.0）——不：不允许 I/O Link i 界面中 I/O 设备的编辑。
　　　　　　　　　　　　是：允许 I/O Link i 界面中 I/O 设备的编辑。
I/O 设备登录许可（K935.1）——不：不允许 I/O 设备界面中 I/O 设备的登录或删除。
　　　　　　　　　　　　是：允许 I/O 设备界面中 I/O 设备的登录或删除。

2. PMC 设定（信息）

PMC 设定（信息）界面中包含多项功能，通过机床 MDI 面板的 PAGE↑或 PAGE↓可进行翻页查看，图 6-3-2 为 PMC 设定（信息）界面。

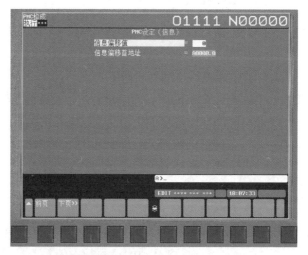

图 6-3-2　PMC 设定（信息）界面

信息偏移值（K918,K919）——自定义报警向后偏移的位数。
信息偏移首地址（K916,K917）——自定义报警偏移的起始位，即从这一位开始偏移。

任务实施

任务背景：有一台正在调试的机床，机床维护人员准备导入梯形图，但在 I/O 界面中进行顺序程序的导入时，出现图 6-3-3 的提示"该功能不能使用"，此时须修改 PMC 设定，使梯形图允许被导入，在完成导入后需要将梯形图进行保护，禁止梯形图被修改并隐藏梯形图。

项目 六 PMC基本操作与功能应用

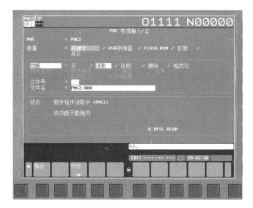

图 6-3-3　任务背景

第一步：在数控系统 MDI 面板上，①按"SYSTEM"键；②连续按"右翻页"键；③找到并按"PMC 配置"键，进入 PMC 配置界面，如图 6-3-4 所示。

图 6-3-4　进入 PMC 配置界面

第二步：按"设定"键进入 PMC 设定（总）界面，如图 6-3-5 所示。

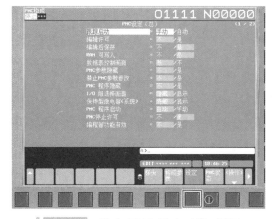

图 6-3-5　进入 PMC 设定（总）界面

第三步：①移动光标至"编辑许可"行，修改为"是"；②移动光标至"编程器功能有效"行，修改为"是"，如图 6-3-6 所示。

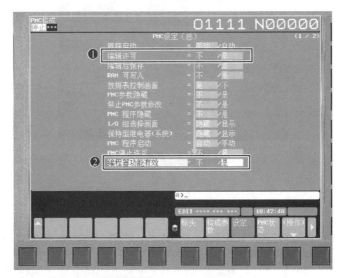

图 6-3-6　修改 PMC 设定

第四步：①按"左翻页"键返回上一级菜单；②按"PMC 维护"键进入 PMC 维护界面，如图 6-3-7 所示。

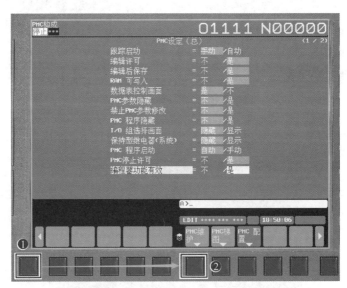

图 6-3-7　返回到 PMC 维护界面的操作

第五步：①按"I/O"键进入 PMC 数据输入/输出界面，如图 6-3-8 所示。

第六步：再次执行梯形图的导入，此时已经允许导入了，如图 6-3-9 所示。

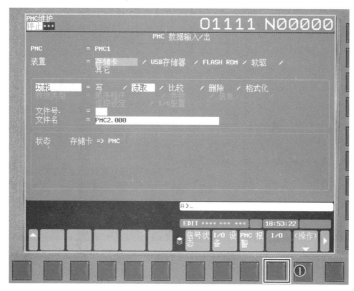

图 6-3-8　进入 PMC 数据输入/输出界面

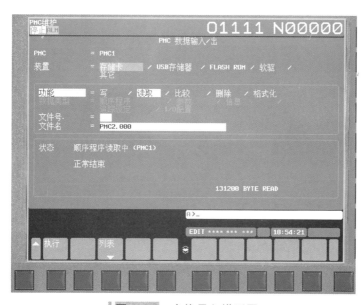

图 6-3-9　允许导入梯形图

第七步：再次回到 PMC 设定（总）界面，对导入的梯形图进行保护，①将"编辑许可""编辑后保存""RAM 可写入"行修改为"不"；②将"PMC 程序隐藏"行修改为"是"；③将"编程器功能有效"修改为"不"，如图 6-3-10 所示。

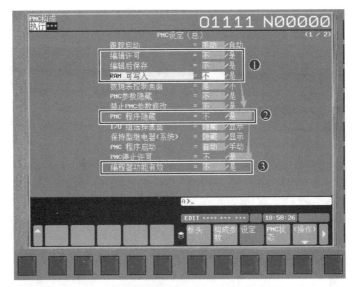

图 6-3-10 保护梯形图

第八步：①按"左翻页"键返回上一级菜单；②按"PMC 梯图"键进入 PMC 梯形图界面，如图 6-3-11 所示。

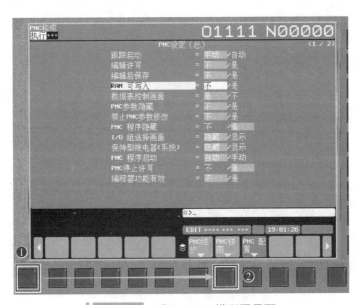

图 6-3-11 进入 PMC 梯形图界面

第九步：梯形图已经提示此功能被保护，按"操作"键，如图 6-3-12 所示。
第十步：进入梯形图操作界面后"编辑"键已被隐藏，如图 6-3-13 所示。

项目 六 PMC基本操作与功能应用

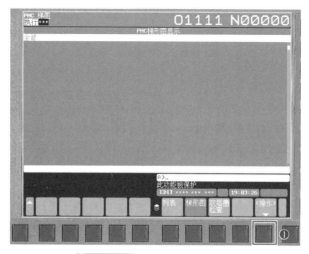

图 6-3-12　梯形图禁止查看

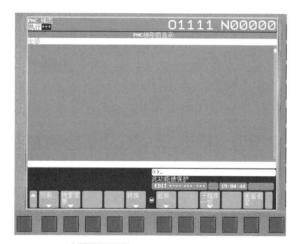

图 6-3-13　梯形图禁止编辑

任务四　PMC信号诊断、强制与追踪

PMC信号诊断、强制与跟踪

重点和难点 ▶

1. 掌握当某输出信号在梯形图中已使用时，如何进行信号强制。
2. 掌握根据信号追踪需要进行信号追踪设定。

相关知识 ▶

信号追踪界面介绍

机床发生PMC报警基本分为两种：一种为固定出现的报警，另一种为偶发报警。对于

113

固定出现的报警,排查周期较短且相对容易处理,而对于偶发的 PMC 报警,排查周期较长且不容易处理。

那么,对于偶发的 PMC 报警,应该怎么处理呢? 主要有两种方法:一种是在不影响原梯形图的基础上,理解原有梯形图的控制逻辑后对该设备增加更加详细的报警,当设备再出现报警时,触发更加详细的报警信息,进而确认故障点,此方法有较大难度;另一种方法就是使用信号追踪功能对需要监控的信号进行追踪。

1. 追踪

进入追踪界面单击"操作"键后,将显示更多功能菜单,如图 6-4-1 所示。

开始:开始进行对设定好的信号进行追踪。

追踪设定:跳转到追踪设定界面。

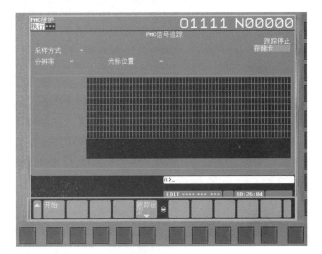

图 6-4-1 追踪界面

2. 追踪设定界面

进入追踪设定界面单击"操作"键后,将显示更多功能菜单,如图 6-4-2 所示。

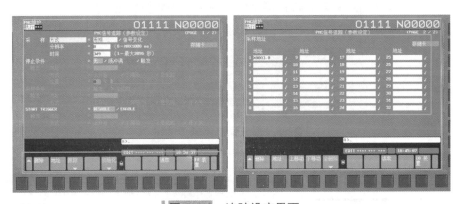

图 6-4-2 追踪设定界面

删除:清空已输入的信号地址。

地址:切换信号的显示方式为地址或符号。

追踪:开始对设定好的信号进行追踪。

初始化:初始化追踪设定。

读取:从 U 盘或 CF 卡中导入追踪设定文件。

IO 装置:切换外部设备为 U 盘或 CF 卡。

采样地址:采样地址的设定,可支持 32 位。

项目 六 PMC基本操作与功能应用

任务实施

任务背景1：有一台的车床执行换1号刀时，刀架找不到对应的刀位，因此需要先检查1号刀位信号X3.0的当前状态，此时已将刀架手动转到1号刀位处并锁紧。

第一步：在数控系统MDI面板上，①按"SYSTEM"键；②连续按"右翻页"键；③找到并按"PMC维护"键，进入PMC维护界面，如图6-4-3所示。

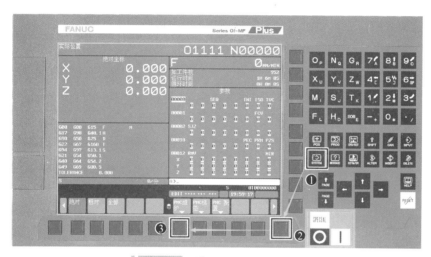

图6-4-3 进入PMC维护界面

第二步：进入信号状态页面后，①输入刀位信号X3.0；②按"搜索"键；③自动定位到X3.0信号，当前1号刀位的状态为0，如图6-4-4所示，表示当前信号未接通，因为判断需要进行线路的检查。

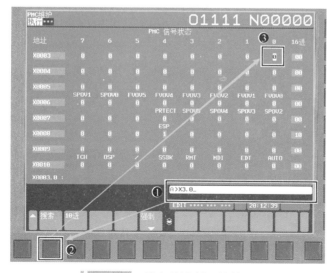

图6-4-4 搜索并诊断刀位信号

任务背景 2：有一台正在调试的机床，机床调试人员需要通过强制信号来检查输出连接的正确性，并且冷却电机的输出信号 Y10.0 已在梯形图中编辑过，因此不能在运行梯形图时进行强制。

第一步：在数控系统 MDI 面板上，①按"SYSTEM"键；②连续按右翻页键；③找到并按"PMC 配置"键，进入 PMC 配置界面，如图 6-4-5 所示。

图 6-4-5　进入 PMC 配置界面

第二步：①按"PMC 状态"键，进入 PMC 状态界面，如图 6-4-6 所示。

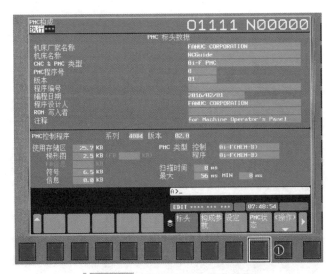

图 6-4-6　进入 PMC 状态界面

第三步：①按"操作"键；②按"停止"键，如图 6-4-7 所示。

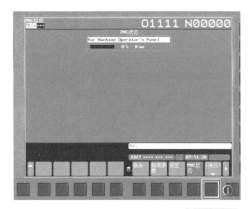
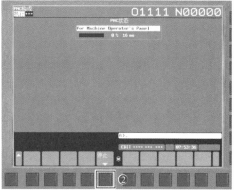

图 6-4-7 停止梯形图

第四步：①按"是"键；②系统左上角显示梯形图已处于停止状态，如图 6-4-8 所示。

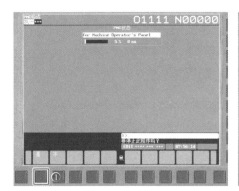
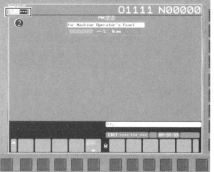

图 6-4-8 梯形图停止状态

第五步：在数控系统 MDI 面板上，①按"SYSTEM"键；②连续按右翻页键；③找到并按"PMC 维护"键，进入 PMC 维护界面，如图 6-4-9 所示。

图 6-4-9 进入 PMC 维护界面

第六步：进入信号状态页面后，①输入冷却电机信号"Y10.0"；②按"搜索"键；③自动定位到Y10.0信号，当前Y10.0的状态为0，如图6-4-10所示。

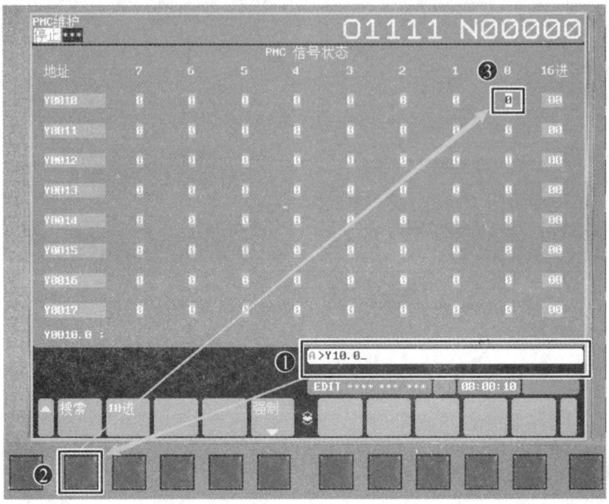

图 6-4-10　搜索 Y10.0 信号

第七步：①按"强制"键，进入强制状态，如图6-4-11所示。

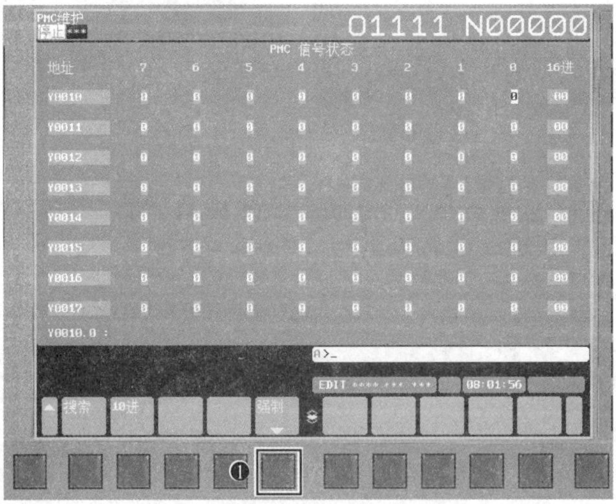

图 6-4-11　进入强制状态

第八步：①按"开"键；②按Y10.0，将其置为1，此时机床外部Y10.0被接通，已确定Y10.0为控制冷却电机的信号，如图6-4-12所示。

第九步：①按"关"键；②按Y10.0，将其复位为0；③按"退出"键，退出强制状态，如图6-4-13所示。

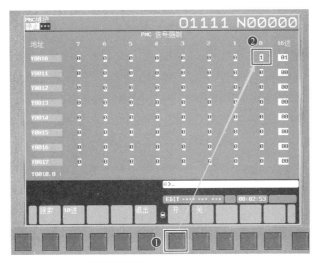

图 6-4-12　强制信号输出

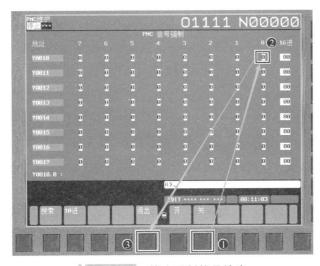

图 6-4-13　停止强制信号输出

任务背景 3：有一台正在调试的机床，机床调试人员在信号诊断界面中无法肉眼观察 X3.7 信号是否接通，因此需要通过追踪信号检查 X3.7 信号实际接通的周期。

第一步：在数控系统 MDI 面板上，①按"SYSTEM"键；②连续按右翻页键；③找到并按"PMC 维护"键，进入 PMC 维护界面，如图 6-4-14 所示。

第二步：①连续按右翻页键；②找到并按"追踪设定"键，进入信号追踪设定界面，如图 6-4-15 所示。

第三步：①按"PAGE↓"键，进入采样地址界面；②在第 1 行中输入需追踪的信号"X0003.7"；③按左翻页键返回上一级菜单，如图 6-4-16 所示。

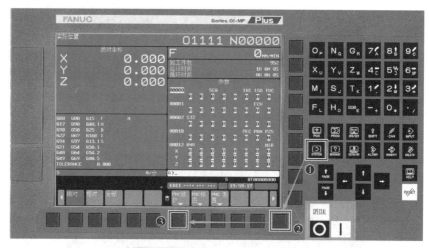

图 6-4-14 进入 PMC 维护界面

图 6-4-15 进入信号追踪设定界面

图 6-4-16 设定追踪信号

第四步：①按"跟踪"键，进入追踪界面；②按"操作"键，准备进行信号追踪，如图 6-4-17 所示。

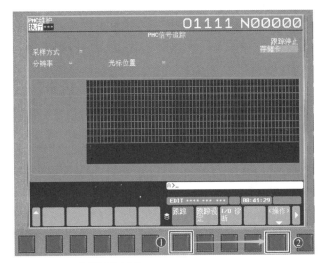

图 6-4-17　准备进行信号追踪

第五步：①按"开始"键；②立即开始进行 X3.7 信号追踪，如图 6-4-18 所示。

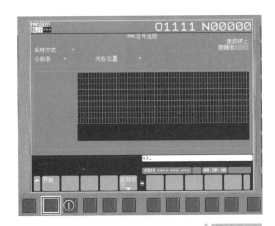
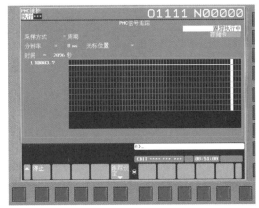

图 6-4-18　信号追踪中 1

第六步：执行理论上能使 X3.7 信号接通的指令，当指令已执行后，①按"停止"键，停止对 X3.7 信号的追踪，如图 6-4-19 所示。

第七步：①按"前页"键，向前持续进行翻页；②发现有一段时间 X3.7 信号是处于接通状态的，如图 6-4-20 所示。

第八步：①按"前页"键，向前持续进行翻页；②发现有一段时间 X3.7 信号是处于接通状态的，追踪的采样分辨率为 8ms，接通周期为 5 格，因此 X3.7 信号接通周期为 40ms。

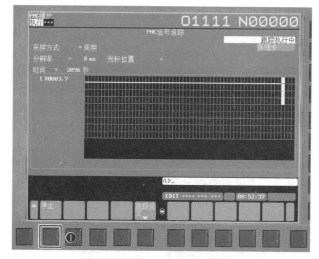

图 6-4-19 停止信号追踪

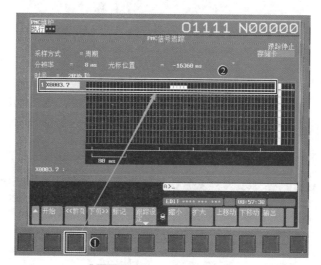

图 6-4-20 信号追踪中 2

任务五 梯形图信号的搜索与编辑

梯形图信号的搜索与编辑

重点和难点

1. 掌握常开、常闭触点以及线圈的搜索方法。
2. 掌握对梯形图中某个地址进行批量修改的方法。

相关知识

PMC 梯形图界面介绍

PMC 梯形图中共分为"列表""梯形图""双层圈检查"三个界面,如图 6-5-1 所示。

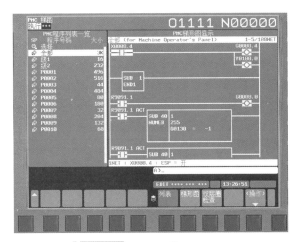

图 6-5-1　PMC 梯形图界面

1. 列表

进入"列表"界面后,可以在左侧查看 PMC 程序,包含"选择"(可从梯形图中任意处选择程序放在选择区中进行监控)、"全部"(梯形图的所有程序)、"级 1"(仅有 1 级程序)、"级 2"(2 级程序)、"子程序"(以 P 开头的程序),单击"操作"键后,显示出更多功能菜单。

缩放:当光标移动到任意一个程序上时,在下方按"缩放"键可进入该程序,并进行查看或编辑。

搜索:只能用于搜索子程序,例如"P1",如图 6-5-2 所示。

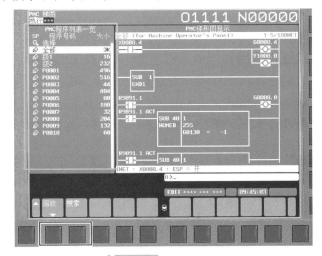

图 6-5-2　列表界面

2. 梯形图

进入"梯形图"界面中单击"操作"键后,将显示更多功能菜单,如图 6-5-3 所示。

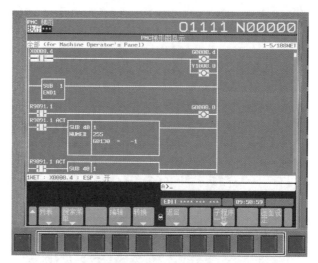

图 6-5-3 梯形图界面

1)列表:可直接返回列表界面。

2)搜索菜单:对梯形图进行搜索,按下该键后将出现更多功能键,如图 6-5-4 所示。

图 6-5-4 搜索菜单功能栏

开头结尾——可直接跳转至梯形图的首行和尾行。

搜索——可搜索信号的触点及线圈。

W- 搜索——仅可搜索线圈。

功能搜索——搜索功能指令号。

读取——可将光标所在处的梯形图放入列表界面的选择中进行观察。

添加跟踪——将信号直接添加到采样地址中,用于信号跟踪。

退出——退出搜索菜单。

3)编辑:对梯形图进行编辑,按下该键后将出现更多功能键,如图 6-5-5 所示。

图 6-5-5 编辑菜单功能栏

列表——在编辑状态下返回列表界面，可对子程序进行添加或删除。

搜索菜单——与之前的搜索菜单功能完全相同，可参考前面的内容。

缩放——将光标选中的梯形图进行单独编辑。

追加新网——在光标选中的梯形图前面插入新的梯形图。

自动——对选中的触点或线圈分配一个新的不会产生双线圈的 R 地址。

选择——按下"选择"键后，移动光标可批量选中梯形图。

删除——删除光标选中的梯形图。

剪切——剪切光标选中的梯形图。

复制——复制光标选中的梯形图。

粘贴——粘贴光标选中的梯形图。

地址交换——可将信号地址批量修改为指定的信号地址。

地址图——可搜索任意信号是否在梯形图中使用过，并且可以直接跳转。

更新——将修改的程序保存，但不写入 F-ROM 中。

恢复——将梯形图恢复到进入编辑状态之前，主要保护梯形图的误操作。

画面设定——可对梯形图的显示进行修改。

停止——可停止或启动梯形图的运行。

取消编辑——退出编辑状态并对已修改的梯形图不进行保存。

退出编辑——退出编辑状态并对已修改的梯形图进行保存且可写入 F-ROM。

3. 双层圈检查

按下"双层圈检查"键后，将显示出更多功能菜单，如图 6-5-6 所示。双层圈检查功能主要用于检查梯形图中是否有重复使用过的线圈，对于具有重复线圈的，只有最末端的线圈能够被接通。

需要注意的是，使用过同一个地址的置位或复位线圈也会在"双层圈检查"界面中出现，但置位或复位线圈是允许重复使用的。

搜索——可搜索存在双重线圈的地址。

跳转——具有双线圈的地址可以直接跳转，便于查找。

符号——将地址改为符号进行显示。

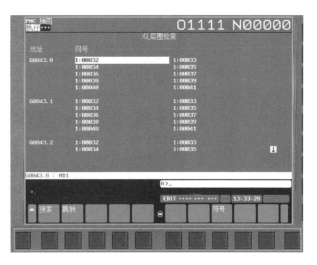

图 6-5-6　双层圈检查界面

任务实施

任务背景：有一台机床，发现其空运行辅助功能无法正常使用，机床维护人员需对梯形图进行检查。

第一步：在数控系统 MDI 面板上，①按"SYSTEM"键；②连续按右翻页键；③找到并按"PMC 梯图"键，进入 PMC 梯形图界面，如图 6-5-7 所示。

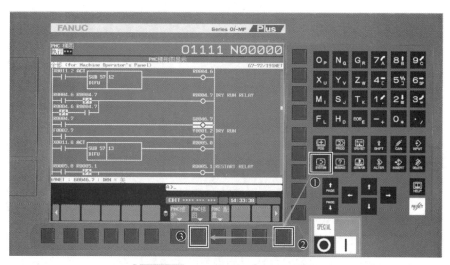

图 6-5-7　进入 PMC 梯形图界面

第二步：先找到空运行信号 G46.7，①输入"G46.7"；②按"W-搜索"键；③找到空运行 G46.7 信号，如图 6-5-8 所示。此处的重点在于空运行的梯形图中使用过 3 个线圈：R4.6、R4.7、G46.7，需要对这 3 个线圈进行双层圈检查。

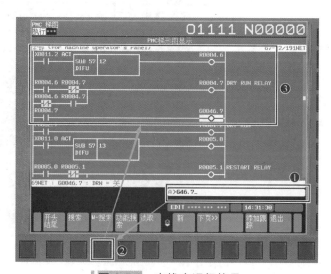

图 6-5-8　查找空运行信号

项目 六 PMC基本操作与功能应用

第三步：①按"退出"键，先退出搜索菜单；②按左翻页键，返回PMC梯形图界面，如图6-5-9所示。

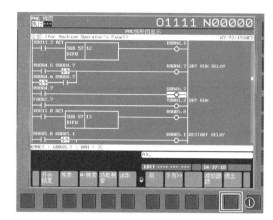
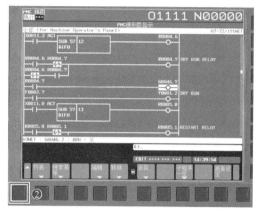

图 6-5-9　退出搜索菜单

第四步：①按"双层圈检查"键；②发现R4.7线圈在两个位置中重复了；③按"操作"键，如图6-5-10所示。

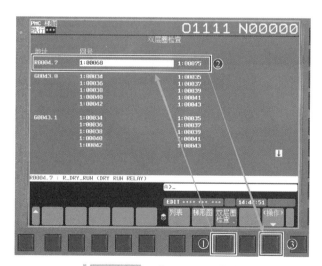

图 6-5-10　进入双层圈检查

第五步：①将光标移到网号68；②按"跳转"键；③发现网号68中的R4.7就是空运行中所使用的，应该返回查看另一个线圈；④按左翻页键再次回到双层圈检查界面，如图6-5-11所示。

第六步：①将光标移到网号75；②按"跳转"键；③网号75中的R4.7需要维护人员去搜索是否有其他用处，如果无，则删除，如果有，则修改线圈的地址；④按"编辑"键进入编辑状态，如图6-5-12所示。

127

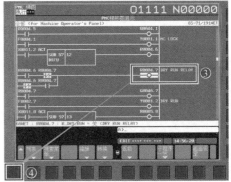

图 6-5-11　跳转网号 68

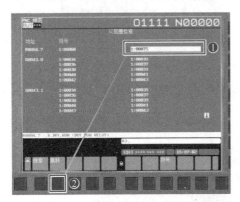
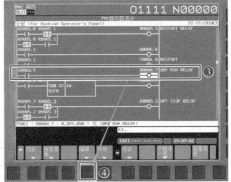

图 6-5-12　跳转网号 75

第七步：①输入"E4.7"；②按"INPUT"键；③将"R4.7"修改为"E4.7"；④按右翻页键，如图 6-5-13 所示。

图 6-5-13　修改重复线圈

第八步：①按"退出编辑"键；②按"是"键；将梯形图保存，如图 6-5-14 所示。

图 6-5-14 保存修改

第九步：按"是"键，将修改的梯形图写入 F-ROM，如图 6-5-15 所示。

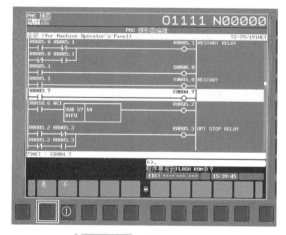

图 6-5-15 写入 F-ROM

第十步：①输入"G46.7"；②按"W-搜索"键；③按下空运行键，此时空运行信号 G46.7 已经可以正常使用了，如图 6-5-16 所示。

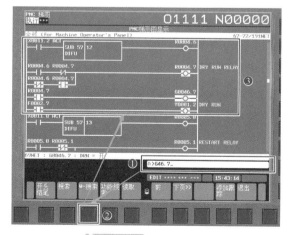

图 6-5-16 故障排除

项目评价

项目六评价表

验收项目及要求		配分	配分标准	扣分	得分	备注
I/O 模块分配	I/O 模块地址分配	40	I/O 模块地址分配错误，扣 40 分			
PMC 信号	1. PMC 信号强制方法 2. PMC 信号跟踪方法	60	1. PMC 信号强制方法操作错误，每处扣 3 分 2. PMC 信号跟踪方法操作错误，每处扣 3 分			
安全生产	1. 自觉遵守安全文明生产规程 2. 保持现场干净整洁，工具摆放有序		1. 每违反一项规定扣 3 分 2. 发生安全事故，按 0 分处理 3. 现场凌乱、乱放工具、乱丢杂物、完成任务后不清理现场扣 5 分			
时间	1h		提前 10min 以上正确完成，加 5 分			

项目测评

1. 编写梯形图程序，手动操作一个外部开关，使数控系统产生"EX1001 OIL LOW"报警。

2. 编写一个加工程序 O0001，在平面内走一个边长为 100mm 的正方形，同时用跟踪功能监控 G4.3 信号的变化情况。

3. 删除 I/O 模块地址分配数据，根据设备的实际情况，进行 I/O 地址分配。

项目七

数控机床进给轴控制信号与程序设计

项目引入

数控机床的进给轴移动一般有四种方式,分别是手动、手动快移、手轮移动及运行 G 代码程序执行的移动。本项目主要讲解与进给轴控制相关的信号和梯形图程序。

项目目标

1. 掌握手动进给程序的设计与调试。
2. 掌握进给倍率程序的设计与调试。
3. 掌握手动快进程序的设计与调试。
4. 掌握手轮功能程序的设计与调试。

延伸阅读

铸工匠精神,做精密产品。

延伸阅读

任务一 手动进给程序的设计与调试

手动进给程序设计与调试

重点和难点

手动进给程序设计过程中需要添加的约束条件。

相关知识

一、手动进给程序的作用

手动进给程序用于通过机床操作面板实现坐标轴运动及运动方向的选择,便于机床操作者在 JOG 方式下直接控制机床工作台。

二、手动进给 PMC 信号

手动进给功能相关的 PMC 信号地址见表 7-1-1。

表 7-1-1　手动进给 PMC 信号地址

地址	信号说明
G100.0	X 轴正向移动
G102.0	X 轴负向移动
G100.1	Y 轴正向移动
G102.1	Y 轴负向移动
G100.2	Z 轴正向移动
G102.2	Z 轴负向移动

任务实施

任务背景：有一台机床需要编写手动进给的梯形图程序，以图 7-1-1 中的机床操作面板为例，并且通过图中方框中的按键实现手动进给，表 7-1-2 为按键的地址及其他用于编程的信号。

图 7-1-1　轴选与移动键

表 7-1-2　按键地址及其他编程信号

地址	信号说明
R905.4	X 轴轴选按键
R905.5	Y 轴轴选按键
R905.6	Z 轴轴选按键
R906.4	正向移动键
R906.6	负向移动键
F3.0	增量进给确认
F3.2	JOG 进给确认

（续）

地址	信号说明
F4.5	手动参考点返回选择
F94.0	X 轴参考点返回完成
F94.1	Y 轴参考点返回完成
F94.2	Z 轴参考点返回完成

第一步：在 PMC 梯形图中编写 X、Y、Z 轴的轴选梯形图，通过 X、Y、Z 按键进行轴的选择，如图 7-1-2 所示。

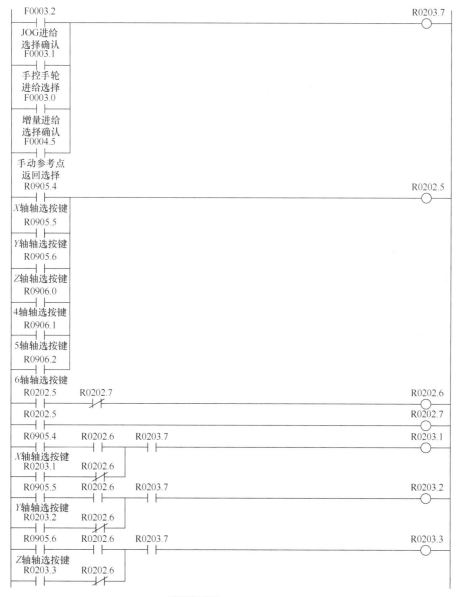

图 7-1-2　轴选梯形图

第二步：在 PMC 梯形图中编写 X 轴手动进给程序，程序中添加了条件，轴的移动需要在 F3.2 或 F3.0 接通且 X 轴轴选键被按下时，同时添加了手动回参考点部分的梯形图，X 轴回参考点需要在 F4.5、F94.2 接通时（防止撞到 Z 轴），手动到达原点时会自动断开自锁，如图 7-1-3 所示。

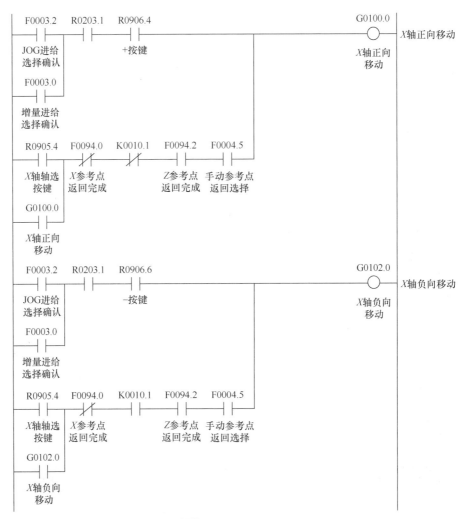

图 7-1-3　X 轴手动进给梯形图

第三步：在 PMC 梯图中编写 Y 轴手动进给程序，程序中添加了条件，轴的移动需要在 F3.2 或 F3.0 接通且 Y 轴轴选键被按下时，同时添加了手动回参考点部分的梯形图，Y 轴回参考点需要在 F4.5、F94.2（防止撞到 Z 轴）接通时，手动到达原点时会自动断开自锁，如图 7-1-4 所示。

第四步：在 PMC 梯形图中编写 Z 轴手动进给程序，程序中添加了条件，轴的移动需要在 F3.2 或 F3.0 接通且 Z 轴轴选键被按下时，同时添加了手动回参考点部分的梯形图，Z 轴回参考点需要在 F4.5 接通时，手动到达原点时会自动断开自锁，如图 7-1-5 所示。

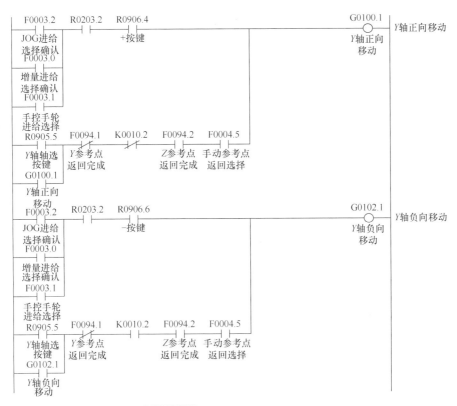

图 7-1-4　Y 轴手动进给梯形图

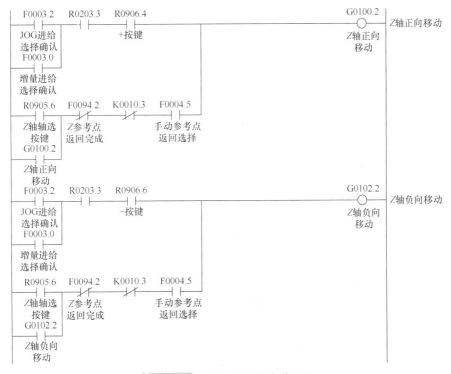

图 7-1-5　Z 轴手动进给梯形图

任务二　进给倍率程序的设计与调试

重点和难点

1. 理解手动倍率的数据表填写方法。
2. 理解自动倍率的数据表填写方法。

相关知识

一、进给倍率的作用

机床操作者在 JOG 方式下如果要直接控制机床工作台或者在 MEM 方式下运行 G01 指令，还需要赋予进给速度，手动进给的实际速度 = 参数 1423 的值 × 手动进给倍率，自动进给的实际速度 =F 指令给定值 × 自动进给倍率。

二、进给倍率信号

进给倍率控制的地址信号见表 7-2-1。

表 7-2-1　进给倍率控制的地址信号

地址	信号说明
G10	手动进给速度倍率信号
G12	自动进给速度倍率信号

任务实施

任务背景：有一台机床需要编写进给倍率的梯形图程序，以图 7-2-1 中的机床操作面板为例，并且通过方框中的旋钮实现手动进给，表 7-2-2 为旋钮开关输入信号的地址。

图 7-2-1　进给倍率旋钮

表 7-2-2 旋钮开关输入信号地址

地址	信号说明
X7.0	倍率输入信号 1
X7.1	倍率输入信号 2
X7.2	倍率输入信号 3
X7.3	倍率输入信号 4
X7.4	倍率输入信号 5

第一步：因为倍率开关采用格雷码，所以需要将格雷码转换为自然二进制数。转换方法：取格雷码最高位为二进制数最高位，格雷码次高位与二进制数最高位进行异或运算，异或运算的结果作为二进制次高位，依次类推，如图 7-2-2 所示。

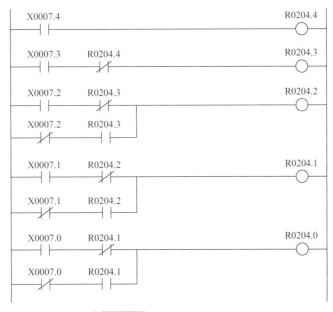

图 7-2-2 格雷码转二进制

第二步：编写手动倍率程序，需要使用 SUB27（二进制转换）功能指令和前面的格雷码转换为二进制之后的数值。功能指令中数据表需要填写倍率值，手动倍率值 =［(倍率值 ×100) +1］×(-1)，如图 7-2-3 所示。

第三步：编写自动倍率程序，需要使用 SUB27（二进制转换）功能指令和前面的格雷码转换为二进制之后的数值。功能指令中数据表需要填写倍率值，自动倍率值 =(倍率值 +1) × (-1)，若自动倍率值超出 -128，则会导致 G10 溢出，此时，自动倍率值 =255- 倍率值，如图 7-2-4 所示。

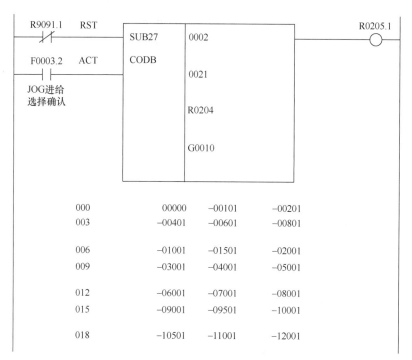

图 7-2-3 手动倍率程序

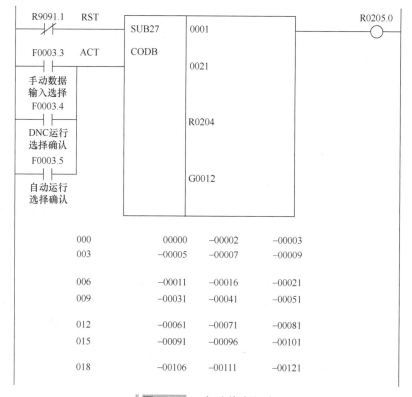

图 7-2-4 自动倍率程序

项目 七 数控机床进给轴控制信号与程序设计

任务三 手动快进程序的设计与调试

手动快进程序设计与调试

重点和难点

手动快进倍率中信号的逻辑处理。

相关知识

一、手动快进程序的作用

相比于手动进给，手动快进是为了提高移动速度，便于机床在执行 G00 指令或者手动快速移动时使用。

二、手动快进 PMC 信号

手动快进功能用到的相关地址信号见表 7-3-1。

表 7-3-1　手动快进功能 PMC 信号

地址	信号说明
G14.0	快移进给倍率信号 1
G14.1	快移进给倍率信号 2
G19.7	手动快进移动选择信号

三、快进相关参数

与快进功能相关的参数见表 7-3-2。

表 7-3-2　手动快进功能相关参数

参数号	参数说明	设定值
1420	各轴快速移动速度	2500
1424	各轴手动快速移动速度	2000

任务实施

任务背景：有一台机床需要编写手动快进的梯形图程序，以图 7-3-1 中的机床操作面板为例，通过图中方框中的按钮实现手动进给，表 7-3-3 为机床操作面板上按钮的输入信号。

第一步：编写快进倍率程序，3 个倍率按键分开来看，每一个倍率按键可以单独接通倍率信号，同时每种倍率间可相互关断。G14.0 单独为 1= 倍率 50%，G14.1 单独为 1= 倍率 25%，G14.0 与 G14.1 都为 1= 倍率 F0，如图 7-3-2 所示。

图 7-3-1 快进键与快进倍率

表 7-3-3 机床操作面板按钮输入信号

地址	信号说明
R905.0	快进倍率 F0（速度为参数 1421 的设定值）
R905.1	快进倍率 25%
R905.2	快进倍率 50%
R906.5	快进选择键

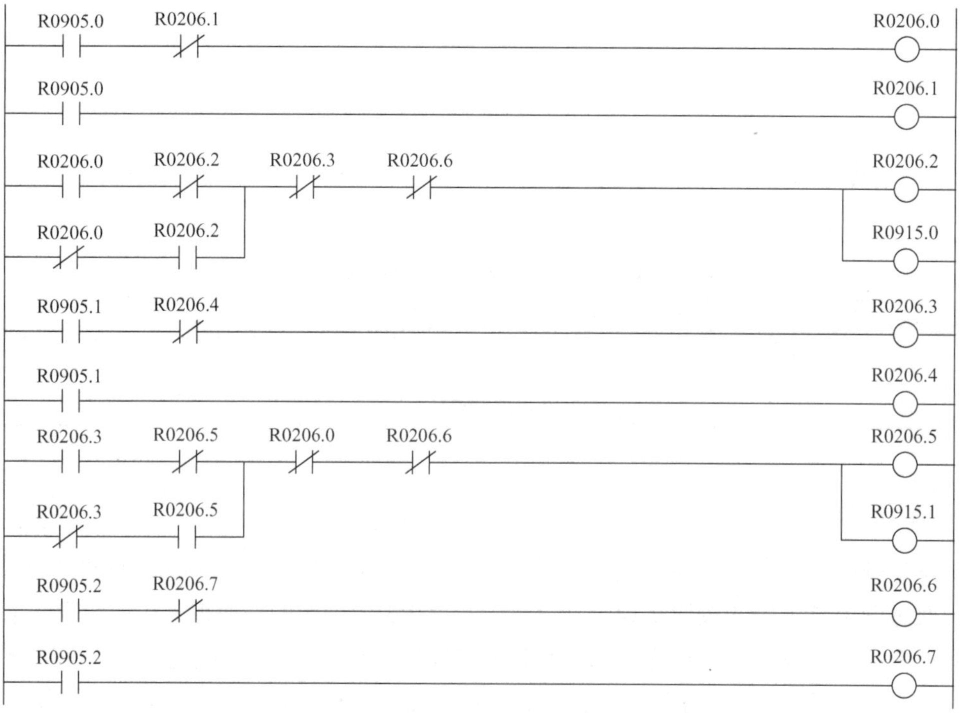

图 7-3-2 快进倍率梯形图

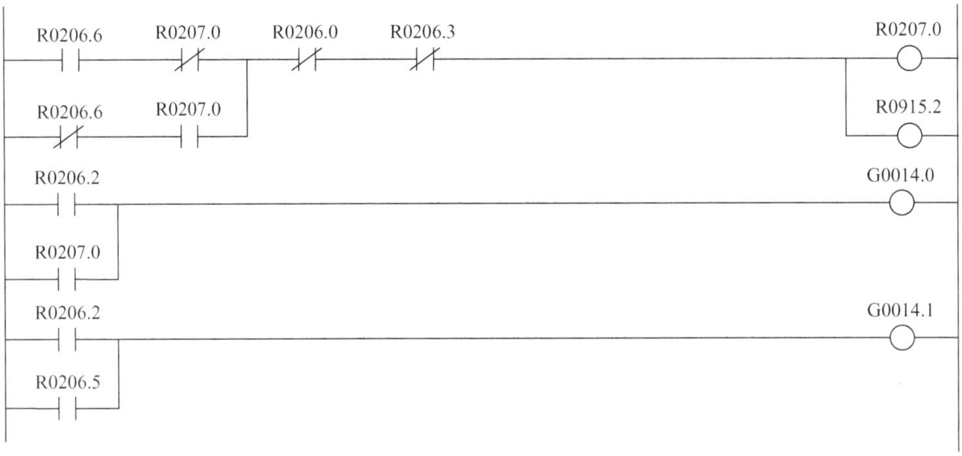

项目 七 数控机床进给轴控制信号与程序设计

图 7-3-2 快进倍率梯形图（续）

第二步：编写快进选择程序，由该程序决定是否将速度切换为手动快进，切换为手动快进需添加 F3.2 作为条件，如图 7-3-3 所示。

图 7-3-3 快进选择梯形图

任务四 手轮功能程序的设计与调试

手轮功能程序设计与调试

重点和难点

1. 手轮轴选功能的信号逻辑。
2. 手轮倍率功能的信号逻辑。

相关知识

一、手轮程序的作用

手轮与手动进给都可以控制机床工作台的移动，但手轮相比机床操作面板显得更加灵活，便于机床操作者在机床的任意位置使用，可以实现精准移动，便于加工对刀。

二、手轮 PMC 信号

手轮 PMC 信号见表 7-4-1。

141

表 7-4-1 手轮 PMC 信号

地址	信号说明
G18.0	手轮轴选信号 1
G18.1	手轮轴选信号 2
G19.4	手轮倍率信号 1
G19.5	手轮倍率信号 2

三、手轮相关参数

手轮功能相关的系统参数见表 7-4-2。

表 7-4-2 手轮功能相关系统参数

参数号	参数说明	设定值
8131#0	使用手动手轮进给	1
7113	手轮倍率 ×100 的位移量	100

任务实施

任务背景：有一台机床需要编写手轮的梯形图程序，以图 7-4-1 中的手轮为例，通过表 7-4-3 给出的手轮旋钮输入信号进行编制。

表 7-4-3 手轮旋钮输入信号

地址	信号说明
R905.3	手轮倍率 ×1
R905.7	手轮倍率 ×10
R906.3	手轮倍率 ×100
R907.4	手轮 X 轴
R907.5	手轮 Y 轴
R907.6	手轮 Z 轴

图 7-4-1 手轮

项目 七 数控机床进给轴控制信号与程序设计

第一步：编写手轮倍率程序，由该程序决定手轮每一个脉冲对应的距离，使用手轮倍率需添加 F3.1 作为条件。G19.4 与 G19.5 都为 0= 倍率 ×1，G19.4 单独为 1= 倍率 ×10，G19.5 单独为 1= 倍率 ×100，如图 7-4-2 所示。

图 7-4-2　手轮倍率梯形图

第二步：编写手轮轴选程序，由该程序决定手轮控制的轴，使用手轮倍率需添加 F3.1 作为条件。G18.0 单独为 1=X 轴，G18.1 单独为 1=Y 轴，G18.0 与 G18.1 都为 1=Z 轴，如图 7-4-3 所示。

```
R0907.4   F0003.1   R0907.7                                G0018.0
──┤├──────┤├────────┤/├────────────────────────────────────( )──── 手轮轴选信号1
     手控手轮
R0907.6  进给选择
──┤├──

R0907.5   F0003.1   R0907.7                                G0018.1
──┤├──────┤├────────┤/├────────────────────────────────────( )──── 手轮轴选信号1
     手控手轮
R0907.6  进给选择
──┤├──
```

图 7-4-3　手轮轴选梯形图

项目评价

项目七评价表

	验收项目及要求	配分	配分标准	扣分	得分	备注
PMC 梯图编写	1. 手动进给程序编写，通过按键实现手动移动各轴 2. 手动进给倍率编写，且功能正常 3. 手动快速进给编写，且功能正常 4. 手轮功能程序编写，且功能正确	100	1. X 轴无法移动，扣 10 分 2. Y 轴无法移动，扣 10 分 3. Z 轴无法移动，扣 10 分 4. 手动倍率 0~120% 正常，每错一处扣 2 分 5. 手动快移不正常，扣 15 分 6. 手轮轴选功能不正常，每处扣 5 分 7. 手轮倍率功能不正常，每处扣 5 分			

（续）

验收项目及要求		配分	配分标准	扣分	得分	备注
安全生产	1. 自觉遵守安全文明生产规程 2. 保持现场干净整洁，工具摆放有序		1. 每违反一项规定扣 3 分 2. 发生安全事故，按 0 分处理 3. 现场凌乱、乱放工具、乱丢杂物、完成任务后不清理现场扣 5 分			
时间	1.5h		提前 10min 以上正确完成，加 5 分			

项目测评

1. 一台手轮，由于其面板上的旋钮倍率开关损坏，请选择操作面板上的三个按钮开关实现手轮的 ×1 档、×10 档和 ×100 档倍率切换。

2. 请解释任务一中地址 K10.1 和 F94.2 的作用。

3. 清空系统中与进给轴控制相关的程序，并重新编写，实现机床进给轴功能。

项目八

数控机床主轴控制信号与程序设计

项目引入

机床主轴指的是机床上带动工件或刀具旋转的轴,它由主轴电机驱动,通常由主轴、轴承和传动件(齿轮或带轮)等组成。主轴的运动精度和结构刚度是决定加工质量和切削效率的重要因素。衡量主轴性能的指标主要是旋转精度、刚度和速度适应性。

1)旋转精度:主轴旋转时在影响加工精度的方向上出现的径向和轴向跳动,主要取决于主轴和轴承的制造和装配质量。

2)动、静刚度:主要取决于主轴的弯曲刚度、轴承的刚度和阻尼。

3)速度适应性:允许的最高转速和转速范围,主要取决于轴承的结构和润滑,以及散热条件。

数控机床一般采用直流或交流主轴伺服电机实现主轴无级变速。数控机床在实际生产中,并不需要在整个变速范围内为恒功率传动,一般要求在中、高速段为恒功率传动,在低速段为恒转矩传动。为了确保数控机床主轴低速时有较大的转矩和主轴的变速范围尽可能大,有的数控机床在交流或直流电动机无级变速的基础上配以齿轮变速,使之成为分段无级变速。

本项目从主轴控制的角度讲解如何实现主轴的速度控制、定向控制和刚性攻丝。

项目目标

1. 掌握主轴速度控制程序的设计与调试。
2. 掌握主轴定向控制程序的设计与调试。
3. 掌握刚性攻丝控制程序的设计与调试。

延伸阅读

效率意识。

延伸阅读

任务一　主轴速度控制程序的设计与调试

数控机床主轴控制信号与程序设计1

学习目标

1. 了解与主轴速度相关的 PMC 信号。
2. 掌握主轴速度控制程序的设计与调试。

重点和难点

灵活使用功能指令实现主轴速度控制。

相关知识

在 PMC 程序中，通过直接控制主轴的倍率值调节主轴旋转的速度，可以无须通过程序指令即可实现速度调节，当主轴转速过快或过慢时可在一定的倍率区间进行调整。

任务实施

任务背景：有一台机床需要编写主轴速度的梯形图程序，以图 8-1-1 中的机床操作面板为例，通过方框中的旋钮实现主轴速度控制，表 8-1-1 为旋钮倍率开关的输入信号和控制信号。

图 8-1-1　主轴倍率旋钮

表 8-1-1　旋钮倍率开关的输入信号和控制信号

地址	信号说明
X7.5	主轴倍率输入信号 1
X7.6	主轴倍率输入信号 2
X7.7	主轴倍率输入信号 3
X8.5	主轴倍率输入信号 4
G30	主轴速度倍率控制信号

项目 八 数控机床主轴控制信号与程序设计

第一步：因为倍率开关信号输入的方式为格雷码，所以需要将二进制格雷码转换为自然二进制数。转换方法：取格雷码最高位为二进制数最高位，格雷码次高位与二进制数最高位进行异或运算，异或运算的结果作为二进制次高位，依次类推，如图 8-1-2 所示。

```
X0008.5                                               R0230.3
──┤├──────────────────────────────────────────────────( )──

X0007.7   R0230.3                                     R0230.2
──┤├───────┤/├────────────────────────────────────────( )──
X0007.7   R0230.3
──┤/├──────┤├──

X0007.6   R0230.2                                     R0230.1
──┤├───────┤/├────────────────────────────────────────( )──
X0007.6   R0230.2
──┤/├──────┤├──

X0007.5   R0230.1                                     R0230.0
──┤├───────┤/├────────────────────────────────────────( )──
X0007.5   R0230.1
──┤/├──────┤├──
```

图 8-1-2 格雷码转二进制

第二步：编写主轴倍率程序，需要使用 SUB27（二进制转换）功能指令和前面的格雷码转换为二进制之后的数值，需要说明的是，本程序因没有屏蔽 R0230 的高四位（R0230.4 ～ R0230.7），因此在程序的其他地方不能使用 R0230 的高四位，否则会导致数据转换出错。功能指令中数据表需要填写主轴倍率值，如图 8-1-3 所示。

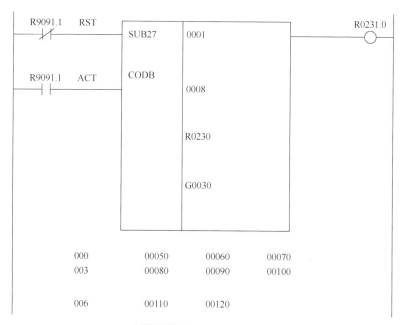

图 8-1-3 主轴倍率程序

任务二　主轴定向控制程序的设计与调试

> **重点和难点**

掌握 M 代码完成指令的使用。

> **相关知识**

数控机床主轴控制信号与程序设计2

一、主轴定向控制程序的作用

主轴定向控制又称为主轴准停控制，其作用：在加工中心中，当主轴进行刀具换刀时，使主轴停在一个固定不变的位置上，从而保证刀柄上的键槽对正主轴端面上的定位键。

主轴的定向控制大多数采用电气定向控制，实际上是在主轴转速控制的基础上增加一个位置控制环，有磁性传感器定向和编码器定向两种方式。

电气方式主轴定向控制具有以下优点：

1）不需要机械部件，只需要连接编码器或磁性传感器，即可实现主轴定向控制。

2）主轴在高速时直接定向，不必采用齿轮减速，定向时间大为缩短。

3）由于定向控制采用电子部件，没有机械易损件，不受外部冲击的影响，因此主轴定向控制的可靠性高。

4）定向控制的精度和刚性高，完全能满足自动换刀的要求。

二、主轴定向 PMC 信号

主轴定向功能的 PMC 信号见表 8-2-1。

表 8-2-1　主轴定向功能的 PMC 信号

地址	信号说明
G70.6	主轴定向信号
F7.0	M 代码选通信号
F10	辅助功能代码信号
F45.1	主轴速度零信号
F45.7	主轴定向完成信号

> **任务实施**

任务背景：有一台机床需要编写主轴定向的梯形图程序，已知主轴定向的 M 代码为 M19，当数控系统执行 M19 时，译码的输出信号地址为 R11.0。

第一步：编写译码程序，使用 SUB25（二进制译码）功能指令，执行 M19 时译码输出的信号地址为 R11.0，如图 8-2-1 所示。

项目 八 数控机床主轴控制信号与程序设计

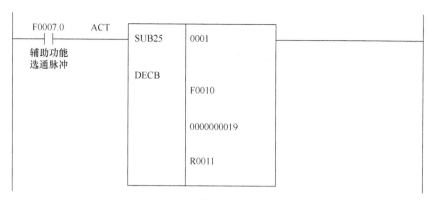

图 8-2-1 译码程序

第二步：编写主轴定向控制程序，加入 F45.1 的目的是保证在主轴未旋转的情况下进行定向，同时执行 M03 主轴正转、M04 主轴反转、M05 主轴停止等指令时定向断开，如图 8-2-2 所示。

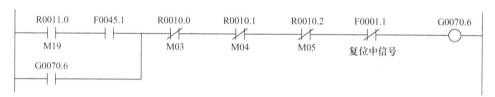

图 8-2-2 主轴定向控制程序

第三步：编写主轴定向代码 M19 完成程序，执行 M 代码后如果不接通一次 G4.3，那么程序会一直停止在 M19，加入 F45.7 是为了在定向确认完成后才结束，加入 F7.0 是为了确保其是在执行 M 代码时才会接通，如图 8-2-3 所示。

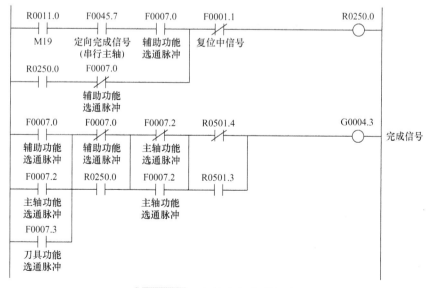

图 8-2-3 主轴定向完成程序

任务三 刚性攻丝控制程序的设计与调试

重点和难点

理解刚性攻丝的启动顺序。

相关知识

一、刚性攻丝控制程序的作用

攻丝,指的是用一定的扭矩将丝锥旋入要钻的底孔中加工出内螺纹。刚性攻丝又称为同步进给攻丝,刚性攻丝循环将主轴旋转与进给同步化,以匹配特定的螺纹节距需要。主要应用于铣床攻螺纹,在进行刚性攻丝时,主轴每转所对应钻孔轴的进给量必须和攻丝的螺距相等,因此在刚性攻丝循环的过程中,主轴的旋转和进给轴的进给之间总是保持同步,也就是说,主轴的旋转不仅要进行速度控制,而且要进行位置控制。

二、刚性攻丝 PMC 信号

与刚性攻丝相关的 PMC 信号见表 8-3-1。

表 8-3-1 刚性攻丝 PMC 信号

地址	信号说明
G28.0	齿轮选择信号 GR1(*主轴齿轮箱具备换档功能时使用)
G28.1	齿轮选择信号 GR2(*主轴齿轮箱具备换档功能时使用)
G61.0	刚性攻丝信号
G61.4	刚性攻丝主轴选择信号 RGTSP1(*系统中含多个串行主轴时使用)
G61.5	刚性攻丝主轴选择信号 RGTSP2(*系统中含多个串行主轴时使用)
F34.0	齿轮选择确认信号 GR1O
F34.1	齿轮选择确认信号 GR2O
F34.2	齿轮选择确认信号 GR3O
F45.1	主轴速度零信号
F76.3	刚性攻丝处理中信号
G70.5	刚性攻丝主轴使能信号(也称为串行主轴正转信号)

三、刚性攻丝相关参数

与刚性攻丝相关的系统参数见表 8-3-2。

项目 八 数控机床主轴控制信号与程序设计

表 8-3-2 刚性攻丝相关系统参数

参数号	参数说明	设定值
5200#0	指定刚性攻丝的方法	0
5200#2	刚性攻丝解除方式	0
5200#4	刚性攻丝回退时，倍率是否有效	0
5210	刚性攻丝方式指令 M 代码	0（设为 0，则默认 M29）
5261	刚性攻丝中各齿轮的加/减速时间常数（齿轮1）	50～3500
5280	刚性攻丝时，主轴和攻丝轴的位置环增益	初始值 0，试切以进行微调
5300	刚性攻丝时，攻丝轴的到位宽度	20
5301	刚性攻丝时，主轴的到位宽度	20
4065	刚性攻丝时，主轴的环路增益	与 5280 设定一致

四、刚性攻丝相关诊断号

与刚性攻丝相关的诊断信号见表 8-3-3。

表 8-3-3 刚性攻丝相关诊断信号

诊断信号	诊断信号说明
指令脉冲和位置偏差量的显示	
450	主轴的位置偏差量
451	分配给主轴的指令脉冲（瞬时值）
454	分配给主轴的指令脉冲累计值
刚性攻丝同步误差显示	
455	主轴换算移动指令之差
456	主轴换算位置偏差之差
457	同步误差
460	主轴换算移动量之差（最大值）
461	主轴换算机械位置之差（瞬时值）
462	主轴换算机械位置之差（最大值）
误差的比率差显示	
452	主轴和钻孔轴误差量之差的瞬时值
453	主轴和钻孔轴误差量之差的最大值

任务实施

任务背景：有一台机床需要编写刚性攻丝的梯形图程序，已知刚性攻丝的 M 代码为 M29，当数控系统执行 M29 时，译码的信号输出地址为 R12.0。

第一步：编写刚性攻丝控制程序，由 M29 启动刚性攻丝，启动攻丝后由 G70.5 进行使能。如图 8-3-1 所示。

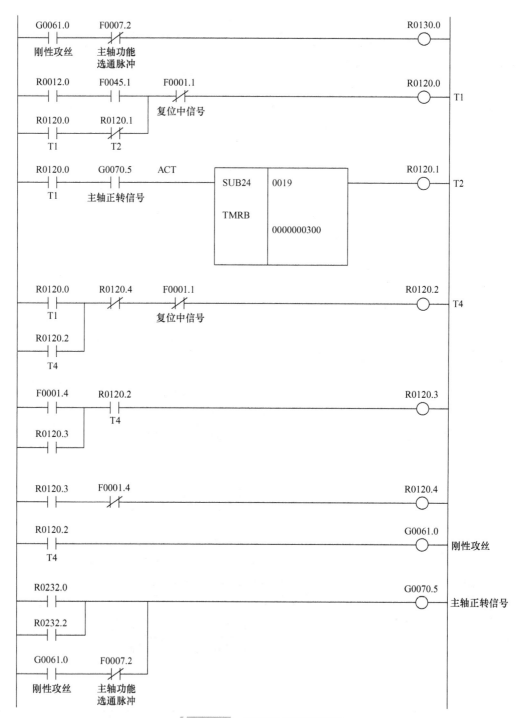

图 8-3-1 刚性攻丝控制程序

第二步：编写刚性攻丝代码 M29 完成程序，执行 M 代码后如果不接通一次 G4.3，那么程序会一直停止在 M29，加入 R120.1 是为了在刚性攻丝确认完成后才结束，加入 F7.0 是为了确保其在执行 M 代码时才会接通，如图 8-3-2 所示。

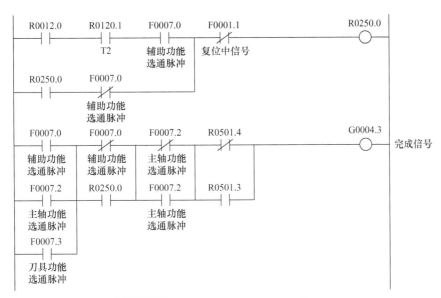

图 8-3-2 刚性攻丝代码 M29 完成程序

项目评价

项目八评价表

	验收项目及要求	配分	配分标准	扣分	得分	备注
PMC 梯图编写	1. 主轴正转功能编写 2. 主轴反转功能编写 3. 主轴速度功能编写 4. 主轴定向功能编写 5. 刚性攻丝功能编写	100	1. 主轴正转功能不正常，扣 20 分 2. 主轴反转功能不正常，扣 10 分 3. 主轴速度功能不正常，扣 20 分 4. 主轴定向功能不正常，扣 20 分 5. 刚性攻丝功能不正常，扣 30 分			
安全生产	1. 自觉遵守安全文明生产规程 2. 保持现场干净整洁，工具摆放有序		1. 每违反一项规定扣 3 分 2. 发生安全事故，按 0 分处理 3. 现场凌乱、乱放工具、乱丢杂物、完成任务后不清理现场扣 5 分			
时间	2h		提前 10min 以上正确完成，加 5 分			

项目测评

1. 有一台机床，配置模拟主轴，主轴正转信号为 Y1.0，反转信号为 Y1.1，编写梯形图，实现 M03 正转、M04 反转、M05 停止，并具备 0～120% 的倍率调速功能。

2. 请简述主轴分段无级调速过程中是如何实现换挡功能的，并编写梯形图实现该功能。

项目九

数控机床辅助功能控制信号与程序设计

项目引入

从指令的角度，一般把 M、S、T 代码控制的功能称为辅助功能。本书把除机床进给轴和主轴之外的功能统一归为辅助功能。本项目主要学习各种辅助功能相关控制信号和梯形图程序设计。

项目目标

1. 掌握数控机床工作方式程序的设计与调试。
2. 掌握数控机床安全保护功能程序的设计与调试。
3. 掌握数控机床自动运转程序的设计与调试。
4. 掌握单段功能程序的设计与调试。
5. 掌握冷却功能程序的设计与调试。
6. 掌握润滑功能程序的设计与调试。
7. 掌握斗笠式刀库程序的设计与调试。

延伸阅读

延伸阅读

寻找规律，举一反三。

任务一 数控机床工作方式程序的设计与调试

重点和难点

工作方式切换时需同时置位多个地址。

数控机床工作方式程序设计与调试1

项目 九 数控机床辅助功能控制信号与程序设计

相关知识

一、工作方式控制程序的作用

在数控机床中执行不同操作时都有其相应的工作方式，工作方式选择信号是由 G43.0、G43.1、G43.2 这三位构成的代码信号。通过这些信号的组合，可以选择基本的 5 种模式：存储器编辑（EDIT）、存储器运行（MEM）、手动数据输入（MDI）、手动手轮进给/增量进给（HND/INC）、JOG 进给（JOG）。此外，通过组合 DNC 运行选择信号 G43.5 和手动返回参考点选择信号 G43.7，还可扩展另外两种模式，即 DNC 运行（RMT）和手动返回参考点（REF）。可以通过操作模式确认信号，向 PMC 通知当前所选择的操作模式。

二、工作方式 PMC 信号

工作方式的 PMC 信号见表 9-1-1。

表 9-1-1 工作方式的 PMC 信号

工作方式		输入信号					输出信号
		G43.7	G43.5	G43.2	G43.1	G43.0	
自动操作	手动数据输入（MDI）	0	0	0	0	0	F3.3
	存储器运行（MEM）	0	0	0	0	1	F3.5
	DNC 运行（RMT）	0	1	0	0	1	F3.4
存储器编辑（EDIT）		0	0	0	1	1	F3.6
手动运行	手动手轮进给/增量进给（HND/INC）	0	0	1	0	0	F3.1/F3.0
	JOG 进给（JOG）	0	0	1	0	1	F3.2
	手动返回参考点（REF）	1	0	1	0	1	F4.5

任务实施

任务背景：有一台机床需要编写工作方式的梯形图程序，以图 9-1-1 中的机床操作面板为例，并且通过图中方框中的按键实现工作方式控制，表 9-1-2 为按键的输入信号。

图 9-1-1 工作方式按键

表 9-1-2　工作方式按键输入信号

地址	信号说明
R900.0	自动方式按键
R900.1	编辑方式按键
R900.2	MDI 方式按键
R900.3	DNC 方式按键
R902.4	回参考点方式按键
R902.5	JOG 方式按键
R902.7	手轮方式按键

第一步：创建一行程序，用于需要切换工作方式时，所有方式的按键都可以接通，如图 9-1-2 所示。

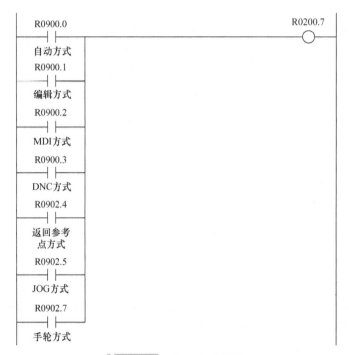

图 9-1-2　工作方式按键

第二步：根据表 9-1-1 将需要接通 G43.0 的按键都并入 G43.0 线圈前，同时前一步中的 R200.7 可用于断开 G43.0 的自锁，方便方式切换，如图 9-1-3 所示。

第三步：根据表 9-1-1 将需要接通 G43.1 的按键都并入 G43.1 线圈前，同时前一步中的 R200.7 可用于断开 G43.1 的自锁，方便方式切换，如图 9-1-4 所示。

第四步：根据表 9-1-1 将需要接通 G43.2 的按键都并入 G43.2 线圈前，同时前一步中的 R200.7 可用于断开 G43.2 的自锁，方便方式切换，如图 9-1-5 所示。

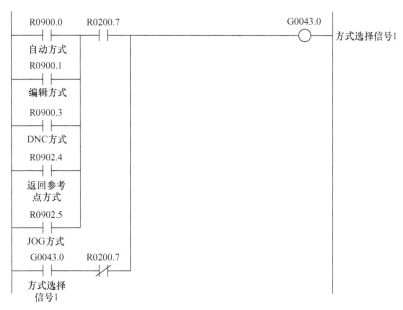

图 9-1-3 工作方式程序 1

图 9-1-4 工作方式程序 2

图 9-1-5 工作方式程序 3

第五步：根据表 9-1-1 将需要接通 DNC 运行方式 G43.5 的按键以及接通手动返回参考点方式 G43.7 的按键都并入其线圈前，同时前一步中的 R200.7 可用于断开 G43.5 或 G43.7。

的自锁,方便方式切换,如图 9-1-6 所示。最后根据表 9-1-1 使用对应的 F 信号接通选择方式按键灯即可。

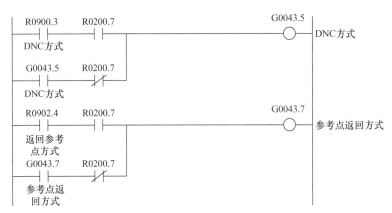

图 9-1-6　工作方式程序 4

任务二　数控机床安全保护功能程序的设计与调试

重点和难点

机床硬限位需由参数决定是否开启。

相关知识

一、机床安全保护功能程序的作用

前面已经讲过硬限位有效参数的设置,硬限位可对机床起到安全保护的作用,但那是建立在相关梯形图都已创建好的情况下,本节将对硬限位的梯形图进行说明。

当刀具超过机械的限位开关设定的行程终点后试图继续移动时,限位开关启动,刀具减速后停止移动,并显示超程报警。

二、硬限位参数与 PMC 信号

与机床硬限位相关的参数和地址见表 9-2-1 和表 9-2-2。

表 9-2-1　硬限位参数

参数号	参数说明	设定值
3004#5	检测机床硬限位(如需屏蔽,硬限位则设为 1)	0

表 9-2-2　硬限位 PMC 信号

地址	信号说明
G114.0	X 轴正向限位

（续）

地址	信号说明
G116.0	X 轴负向限位
G114.1	Y 轴正向限位
G116.1	Y 轴负向限位
G114.2	Z 轴正向限位
G116.2	Z 轴负向限位

任务实施

任务背景：有一台机床需要编写硬限位的梯形图程序，以实现机床的安全保护，表 9-2-3 为硬限位开关的输入信号地址。

表 9-2-3 硬限位开关输入信号地址

地址	信号说明
X11.0	X 轴正向限位开关
X11.1	X 轴负向限位开关
X11.2	Y 轴正向限位开关
X11.3	Y 轴负向限位开关
X11.5	Z 轴正向限位开关
X11.6	Z 轴负向限位开关

第一步：创建 X 轴的正向与负向硬限位程序，如图 9-2-1 所示。

图 9-2-1　X 轴硬限位程序

第二步：创建 Y 轴的正向与负向硬限位程序，如图 9-2-2 所示。

图 9-2-2　Y 轴硬限位程序

第三步：创建 Z 轴的正向与负向硬限位程序，如图 9-2-3 所示。

图 9-2-3　Z 轴硬限位程序

任务三　数控机床自动运转程序的设计与调试

重点和难点

机床进给暂停信号只在断开时有效。

相关知识

一、机床自动运转程序的作用

机床自动运转程序分为自动运行的启动（循环启动）和自动运行的休止（进给暂停），循环启动的作用是在存储器运行（MEM）模式、MDI 运行（MDI）模式、DNC 运行（RMT）模式下，将自动运行启动信号 G7.2 设定为 1 后再设定为 "0" 时，即可执行程序；进给暂停则是在自动运行启动中将自动运行休止信号 G8.5 设定为 "0" 时，CNC 会进入自动运行休止状态。

二、机床自动运转 PMC 信号

机床自动运转相关的 PMC 信号见表 9-3-1。

表 9-3-1　机床自动运转 PMC 信号

地址	信号说明
G7.2	循环启动
G8.5	进给暂停
F0.4	进给暂停中
F0.5	循环启动中

任务实施

任务背景：有一台机床需要编写自动运转部分的梯形图程序，以实现机床的自动运转启动以及进给暂停，操作面板上的按键如图 9-3-1 所示，按键对应的输入信号及按键指示灯输出信号见表 9-3-2。

项目 九 数控机床辅助功能控制信号与程序设计

图 9-3-1 自动运转按键

表 9-3-2 自动运行输入/输出信号

地址	信号说明
R902.1	循环启动按键
R902.0	进给暂停按键
R912.1	循环启动指示灯
R912.0	进给暂停指示灯

第一步：创建循环启动的程序。当系统处于循环启动中时，循环启动指示灯亮起，如图 9-3-2 所示。

图 9-3-2 循环启动程序

第二步：创建进给暂停的程序。当系统处于进给暂停中时，进给暂停指示灯亮起，进给暂停与循环启动的不同之处在于，进给暂停信号 G8.5 在正常情况下为 1，但进给暂停按键实际为常开型，因此进给暂停按键需要使用常闭触点，如图 9-3-3 所示。

图 9-3-3 进给暂停程序

任务四　单段功能程序的设计与调试

单段功能程序设计与调试

重点和难点▶

用单个按键实现单段功能的开启与关闭。

相关知识▶

一、单段功能的作用

单段功能只对自动运行有效，在自动运行中将单段功能开启时，执行完当前正在执行程序段的指令后会进入自动运行停止状态。之后，每按一次循环启动，执行完一个程序段后，都会进入自动运行停止状态。

二、单段功能 PMC 信号

单段功能的 PMC 信号见表 9-4-1。

表 9-4-1　单段功能 PMC 信号

地址	信号说明
G46.1	单程序段

任务实施▶

任务背景：有一台机床需要编写单段功能的梯形图程序，以实现机床的单程序段运行。要求只使用一个按键实现功能的开启与关闭，机床操作面板上的单段按键如图 9-4-1 所示，单段功能的输入/输出地址信号见表 9-4-2。

图 9-4-1　单段按键

表 9-4-2　单段功能的输入 / 输出信号

地址	信号说明
R900.4	单段按键
R910.4	单段指示灯

创建单程序段的程序。需要根据一键启停的方式编写程序，如图 9-4-2 所示。

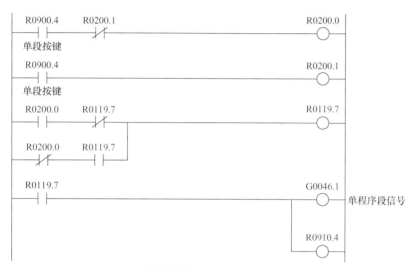

图 9-4-2　单程序段程序

任务五　冷却功能程序的设计与调试

冷却功能程序设计与调试

重点和难点

冷却功能既可以通过手动方式开启又可以通过程序指令开启。

相关知识

一、机床冷却的概述

机床冷却分为机床外部冷却（工件、刀具冷却）和部件冷却（主轴、ZF 减速机、电气箱等）。在金属切削过程中，切削液不仅能带走大量切削热，降低切削区温度，而且由于它的润滑作用，还能减少摩擦，从而降低切削力。因此，切削液能提高加工表面质量，保证加工精度，降低动力消耗，提高刀具的耐用度和生产效率。通常要求切削液有冷却、润滑、清洗、防锈及防腐蚀等特点。

二、冷却介质分类

一般机床冷却可分为气体冷却和液体冷却，不同冷却方式采取的冷却介质也不同，如

图 9-5-1 所示。

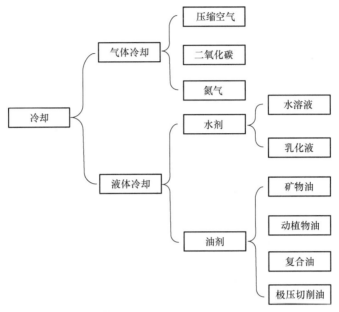

图 9-5-1　冷却分类与冷却介质

三、译码功能 PMC 信号

通过程序指令开启和关闭冷却，需要用到译码指令，表 9-5-1 是与译码功能相关的 PMC 信号。

表 9-5-1　译码功能相关的 PMC 地址

地址	信号说明
F7.0	辅助功能选通
F10	辅助功能代码
G4.3	辅助功能执行完成

四、二进制译码指令介绍（SUB25/DECB）

译码数据地址为 1～4 字节的二进制代码，译码指定的连续 8 个数据分别对应转换数据输出地址的 0～7 位，当译码地址中存储的数据与译码指定数据相同时，转换数据输出地址的对应位输出为 1，二进制译码指令的结构如图 9-5-2 所示。

1. ACT

用于控制功能指令是否执行，此信号状态为 0 时，将所有输出都复位为 0；此信号状态为 1 时，执行译码指令。

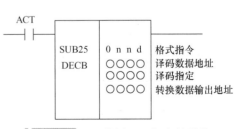

图 9-5-2　二进制译码指令的结构

项目 九 数控机床辅助功能控制信号与程序设计

2. 格式指令

用于指定译码数据的长度，可选 1、2、4 字节，通常使用 1 字节即可。

3. 译码数据地址

用于指定译码数据的地址。

4. 译码指定

用于指定需要译码的连续 8 个数字的第一个数字。

5. 转换数据输出地址

用于指定译码数据的输出地址（只限 1 个字节）。

任务实施

任务背景：有一台机床需要编写冷却功能的梯形图程序，冷却介质为压缩空气。要求使用 M8 代码开启冷却、M9 代码关闭冷却，也可使用一个按键实现功能的开启与关闭。图 9-5-3 为操作面板上对应的按键，表 9-5-2 为相关按键的输入/输出地址。

图 9-5-3 冷却按键

表 9-5-2 相关按键输入/输出地址

地址	信号说明
R903.4	冷却按键
R903.7	打刀缸按键——操作面板
X12.3	打刀缸按键——主轴箱
R913.4	冷却指示灯
Y10.4	冷却电磁阀

第一步：创建译码指令。可使用 M3 ~ M10 等 8 个 M 代码，M8 代码对应的地址为 R10.5，M9 代码对应的地址为 R10.6，如图 9-5-4 所示。

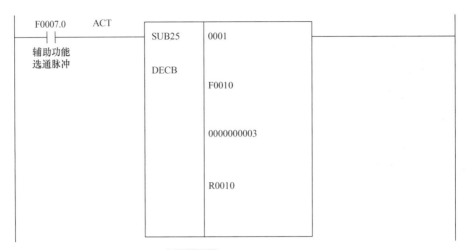

图 9-5-4 译码指令编写

第二步：创建冷却控制程序。需要根据一键启停的方式编写程序，在程序中需要加入各项条件，例如，当系统运行 M30 或 M02 指令，以及当要控制打刀缸进行动作时，因为气动冷却持续运行时会导致打刀气压不足，因此需要断开冷却，如图 9-5-5 所示。

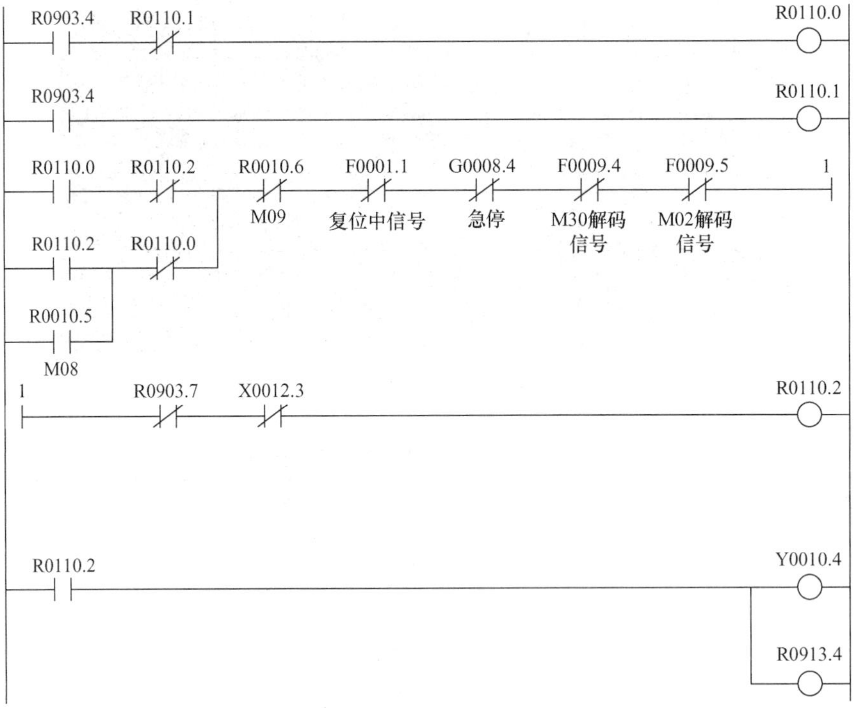

图 9-5-5 冷却控制程序

第三步：创建冷却功能完成程序。如果没有这部分程序，则运行 M 代码时无法跳转至下一行，如图 9-5-6 所示。

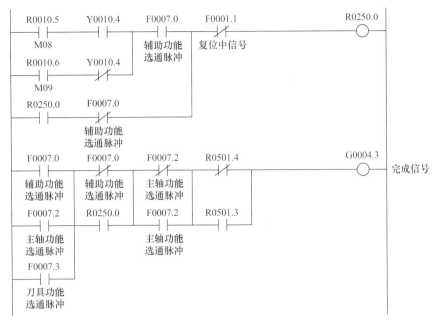

图 9-5-6　冷却功能完成程序

任务六　润滑功能程序的设计与调试

重点和难点

能够使用多种控制方式实现机床润滑。

相关知识

一、润滑系统的作用

机床润滑系统在机床整机中占有十分重要的位置，它不仅具有润滑作用，而且还有冷却作用，以减小机床热变形对加工精度的影响。润滑系统的设计、调试和维修保养，对于保证机床加工精度、延长机床使用寿命等都具有十分重要的意义。

机床导轨是机床润滑的重点和难点部位，导轨的运动是往复式的，而且速度及载荷变化很大，容易出现"爬行"现象，造成加工精度降低，甚至导致机床报废。所以选择润滑油脂时要考虑适当的黏度和抗"爬行"性好的润滑油脂。

二、润滑系统的组成

机床的润滑系统一般由自动润滑油泵、润滑分油器、润滑油管及润滑接头等组成，表 9-6-1 是常见的机床润滑系统部件。

表 9-6-1　常见的机床润滑系统部件

名称	图片	介绍
自动润滑油泵		润滑系统中的动力系统
润滑分油器		分流作用，根据机床导轨及丝杠数量确定分几通
润滑油管		铜管
润滑接头		用于滑块和丝杠
		用于润滑泵到分油器入口
弹簧护套		保护软管

项目 九 数控机床辅助功能控制信号与程序设计

> **任务实施**

任务背景：有一台机床需要编写润滑功能的梯形图程序，以实现机床的润滑功能，要求使用一个按钮实现功能的开启与关闭。图 9-6-1 为操作面板上的润滑按键，表 9-6-2 为相关的输入 / 输出信号。

图 9-6-1 润滑按键

表 9-6-2 润滑相关输入 / 输出信号

地址	信号说明
R903.5	润滑按键
R913.5	润滑指示灯
X10.0	液位信号
Y10.3	润滑输出

第一步：创建润滑功能控制程序。需要根据一键启停的方式编写程序，如图 9-6-2 所示。

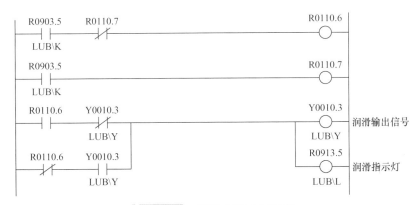

图 9-6-2 润滑功能控制程序

第二步：创建润滑液液位报警程序，如图 9-6-3 所示。

```
         X0010.0                                              A0002.0
         ──┤ ├──────────────────────────────────────────────────( )──   液位低报警
           LC\X                                                LC\LOW
```

图 9-6-3　润滑液液位报警程序

任务七　斗笠式刀库程序的设计与调试

斗笠式刀库程序设计与调试

重点和难点 ▶

1. CTRC 与 ROTB 功能指令在刀库程序中的应用。
2. 将换刀宏程序与梯形图相互关联。

相关知识 ▶

一、斗笠式刀库介绍

单盘式刀库俗称斗笠式刀库。斗笠式刀库的换刀时间较长，一般在 5～7s。斗笠式刀库具有结构简单、成本低、易于控制和维护方便等特点。图 9-7-1 所示为斗笠式刀库实物。

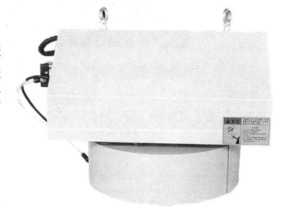

图 9-7-1　斗笠式刀库

二、斗笠式刀库的换刀动作

换刀过程如图 9-7-2 所示，包括如下动作。

1）有换刀指令时，主轴箱下降至换刀位，且主轴定向，如图 9-7-2a 所示。

2）刀库前进抓刀，到位后主轴松刀，如图 9-7-2b 所示。

3）主轴箱上升回参考点（Z0），如图 9-7-2c 所示。

4）分度马达带动槽轮机构实现就近选刀，如图 9-7-2d 所示。

5）主轴箱下降至换刀位抓刀，同时主轴紧刀，如图 9-7-2e 所示。

6）刀库后退，换刀完毕，如图 9-7-2f 所示。

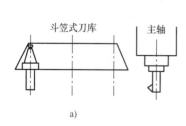
a)

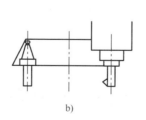
b)

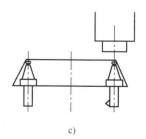
c)

图 9-7-2　换刀动作

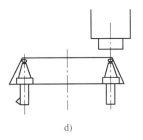
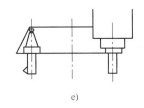
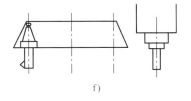

图 9-7-2 换刀动作（续）

三、斗笠式刀库换刀流程

斗笠式刀库的换刀流程如图 9-7-3 所示。

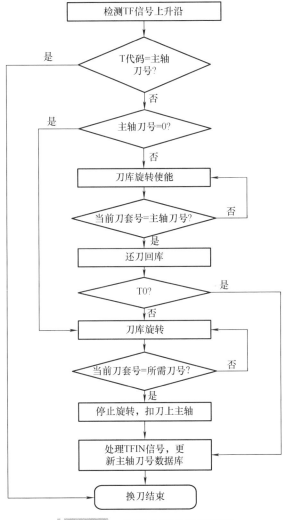

图 9-7-3 斗笠式刀库换刀流程

四、换刀宏程序解析

1. 换刀宏程序

换刀宏程序及程序注释见表 9-7-1。

表 9-7-1 换刀宏程序及程序注释

程序	注释
O9001	换刀宏程序名
IF [#1004EQ1] GOTO1	T 代码等于主轴刀号,换刀结束
#1100=1	F54.0 置为 1,将当前刀号赋值到 G54
G04 X0.1	暂停 0.1s
#100=#1032	将 G54(当前刀号)赋值给 #100
G04 X0.1	暂停 0.1s
#1100=0	G54.0 置为 0
G04 X0.1	暂停 0.1s
#1101=1	F54.1 置为 1,将目标刀号赋值到 G54
G04 X0.1	暂停 0.1s
#101=#1032	将 G54(目标刀号)赋值给 #101
G04 X0.1	暂停 0.1s
#1101=0	F54.1 置为 0
G04 X0.1	暂停 0.1s
IF [#100EQ#101] GOTO1	如果当前刀号与目标刀号相同,换刀结束
M24	刀盘缩回(远离主轴)
M19	M19 定向
G04 X0.4	暂停 0.4s
G90G53G30Z0	返回第二参考点
G04 X0.1	暂停 0.1s
M23	刀库伸出(靠近主轴)
M21	主轴松刀
G04 X1.2	暂停 1.2s
G90 G53 Z0.	返回到第一参考点
M25	刀盘旋转
G90 G53 G30 Z0	返回第二参考点
M22	主轴紧刀
M24	刀盘缩回(远离主轴)
G04 X0.4	暂停 0.4s
N1M99	宏程序结束

2. 变量解释

#1004（G54#4）：用户宏程序用输入信号，判断 T 代码和主轴刀号是否一致。

#1100（F54#0）：用户宏程序用输出信号，变量 =1 时将 F54.0 置为 1。

#1101（F54#1）：用户宏程序用输出信号，变量 =1 时将 F54.1 置为 1。

#100 和 #101：公共变量，不同宏程序可以共用，断电后清空。

#1032：变量中保存 G54～G57 信号共 32 位的数据。

五、刀库 PMC 信号

刀库 PMC 程序中用到各类输入/输出信号较多，见表 9-7-2。

表 9-7-2　刀库 PMC 程序输入/输出信号

地址	信号说明
X10.2	紧刀到位（打刀缸）
X10.6	松刀到位（打刀缸）
X10.4	刀库前位到位
X10.5	刀库后位到位
X10.7	刀库计数
Y10.1	刀库正转
Y10.2	刀库反转
Y11.3	刀库缩回
Y11.5	刀库伸出
Y11.4	打刀缸

任务实施

任务背景：有一台机床需要编写斗笠式刀库的梯形图程序，以图 9-7-4 中的机床操作面板为例，并且通过图中方框中的按钮实现刀库的手动控制。刀库操作面板按键与刀库 M 代码对应的地址表，见表 9-7-3 和表 9-7-4。

图 9-7-4　工作方式按键

表 9-7-3　刀库操作面板按键地址及信号说明

地址	信号说明
R903.7	打刀缸按键
R904.0	刀库伸出按键
R904.1	刀库缩回按键
R904.2	刀库反转按键
R904.3	刀库正转按键
R904.7	刀库复位按键

表 9-7-4　刀库 M 代码对应地址及信号说明

地址	信号说明
R11.2	M21 松刀
R11.3	M22 紧刀
R11.4	M23 刀库伸出
R11.5	M24 刀库缩回
R11.6	M25 刀库转动

第一步：先将刀库的 PMC 输入和输出信号映射到中间继电器中，然后再用于编程，便于后期修改，如图 9-7-5 所示。

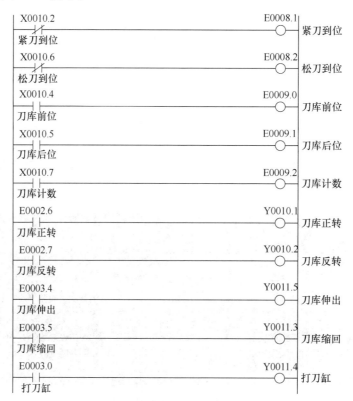

图 9-7-5　I/O 映射

第二步：创建打刀缸程序。包含：手动控制，如打刀缸按键 R903.7、外部打刀按键 X12.3；M 代码控制，如 M21 松刀、M22 紧刀。主轴在转动时不可松刀。通常打刀缸使用的电磁阀为单控电磁阀，因此电磁阀接通即松刀，断开即紧刀，如图 9-7-6 所示。

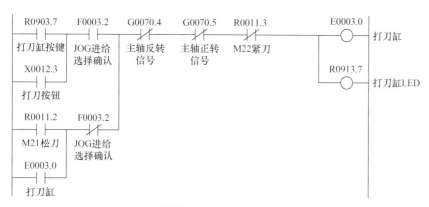

图 9-7-6 打刀缸程序

第三步：创建刀库伸出程序。包含：手动控制，如刀库伸出按键 R904.0；M 代码控制，如 M23 刀库伸出。主轴在转动时不可将刀库伸出，伸出到位时需加入延时，延时时间到达后将刀库伸出断开。刀库伸出与缩回使用双控电磁阀，两个电磁阀同一时间只能接通一个，因此需加入 M24 刀库缩回，用于断开刀库伸出，如图 9-7-7 所示。

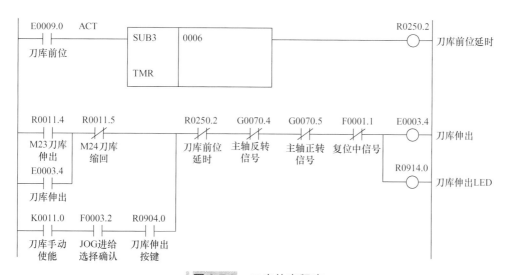

图 9-7-7 刀库伸出程序

第四步：创建刀库缩回程序。包含：手动控制，如刀库缩回按键 R904.1；M 代码控制，如 M24 刀库缩回；刀库复位，在回参考点模式下，执行复位可自动缩回。刀库在缩回到位后将刀库缩回断开，如图 9-7-8 所示。

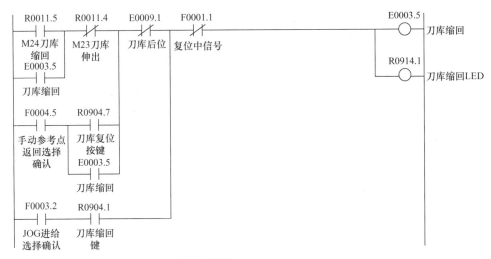

图 9-7-8 刀库缩回程序

第五步：创建用于判断目标刀号为 0 的程序。使用 COMPB 功能指令，将目标刀号 F26 与 0 进行比较，当目标刀号与 0 相等时，R9000.0 会接通，最后 R500.7 会接通，如图 9-7-9 所示。

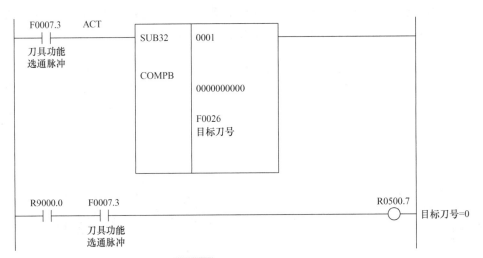

图 9-7-9 目标刀号=0 程序

第六步：创建用于判断目标刀号大于 12 的程序。使用 COMPB 功能指令，将目标刀号 F26 与 12 进行比较，当目标刀号＞12 时，R9000.1 会接通，最后 R0.7 会接通，如图 9-7-10 所示。

第七步：创建刀号错误产生报警的程序。与第五步和第六步相关联，当目标刀号不是 1～12 之间的数时，就会产生 EX1000 报警，从而中断换刀程序，如图 9-7-11 所示。

第八步：创建刀库计数的程序。使用 CTRC 功能指令进行刀库计数，CN0 使用常 1 信号计数初始值为 1，因为刀库最小刀号为 1 号刀；刀库反转 E2.7 接通时，计数器可执行递减；刀库复位 R500.4 接通时，当前刀位自动置 1；刀库计数 E9.2 控制 DIFU 功能指令，每接通一次产生一个脉冲，使功能指令的当前刀位进行加减计数，如图 9-7-12 所示。

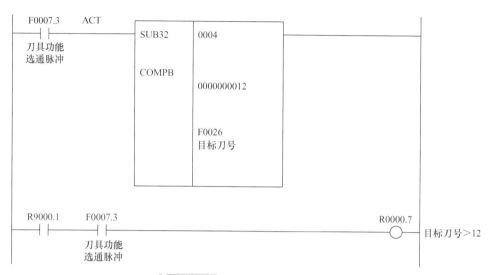

图 9-7-10 目标刀号＞12 程序

图 9-7-11 刀号错误报警程序

第九步：创建判断当前刀位与目标刀位的旋转步数与旋转方向的程序。使用 ROTB 功能指令实现上述功能，RN0 使用常 1 信号，刀库最小刀号从 1 开始；DIR 使用常 1 信号，可实现就近选刀，由 R501.2 决定旋转方向；POS 使用常 1 信号，计算步数时计算到目标位置的前一位；INC 使用常 1 信号，只计算当前刀位到目标刀位的步数；当每次执行换刀时，F7.3 接通，产生一个脉冲，由 R500.5 控制功能指令输出当前刀位旋转到目标刀位的步数与方向，如图 9-7-13 所示。

第十步：创建判断当前刀位是否与目标刀位一致的程序。使用 COIN 功能指令进行数据比较，BYT 和 ACT 都使用常 1 信号，使功能指令一直处于使用状态；每次执行换刀，刀盘在旋转，当前刀位与目标刀位不相等时输出 R530.0，当前刀位与目标刀位相等时则输出 R501.3，将 R530.0 断开，用于使刀盘停止旋转，该步骤与第十二、十三步相关，如图 9-7-14 所示。

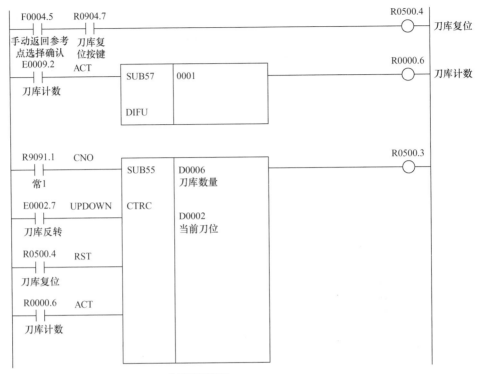

图 9-7-12 刀库计数程序

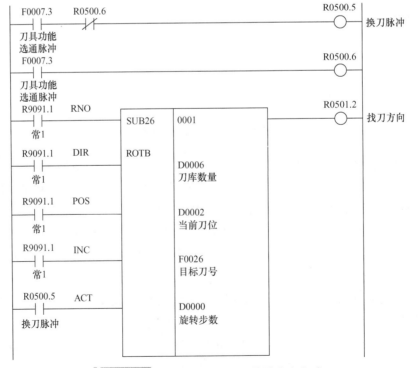

图 9-7-13 判断旋转步数与旋转方向程序

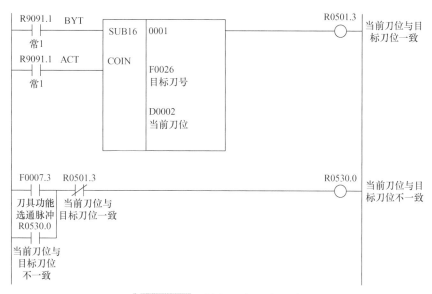

图 9-7-14 判断刀位一致程序

第十一步：创建刀库转动程序。使用 M 代码控制，如 M25 刀库转动；当换刀宏程序执行到 M25 时，可接通 R501.4，刀库旋转使能，该步骤与第十二、十三步相关，如图 9-7-15 所示。

图 9-7-15 刀库转动程序

第十二步：创建刀库正转程序。包含：手动控制，如刀库正转按键 R904.3；M 代码控制，如 M25 刀库转动。在手动控制中，刀库后位 E9.1 接通才可转动；在 M 代码控制时，当前刀位与目标刀位不一致时，R530.0 接通，当前刀位与目标刀位一致时，R501.3 未接通，找刀方向 R501.2 未接通，执行 M25 代码且 R501.4 接通等多个条件满足的情况下刀库才会正转，如图 9-7-16 所示。

第十三步：创建刀库反转程序。包含：手动控制，如刀库正转按键 R904.2；M 代码控制，如 M25 刀库转动。在手动控制中，刀库后位 E9.1 接通才可转动；在 M 代码控制时的编程方式与第十二步中的刀库正转基本相同，唯一不同的是找刀方向，如图 9-7-17 所示。

第十四步：创建将当前刀位写入系统变量中的程序。当宏程序中 #1100=1 时，F54.0 接通，运行 ADDB 功能指令，将当前刀位 +0 并写入到 G54～G57 中，宏程序中 #1032 变量可直接读取当前刀位，如图 9-7-18 所示。

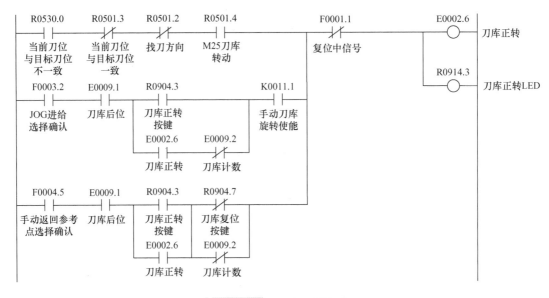

图 9-7-16　刀库正转程序

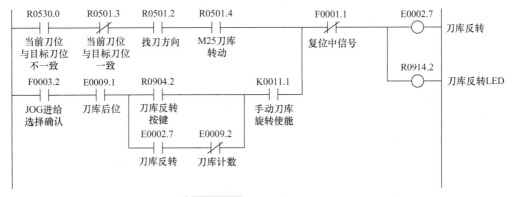

图 9-7-17　刀库反转程序

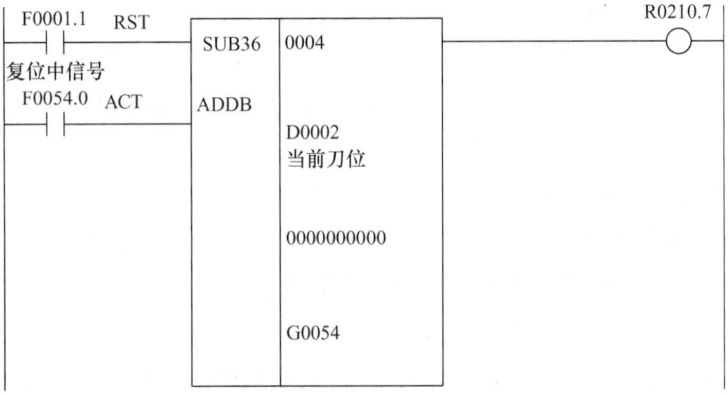

图 9-7-18　当前刀位写入系统变量程序

项目 九 数控机床辅助功能控制信号与程序设计

第十五步:创建将目标刀位写入系统变量中的程序。当宏程序中 #1101=1 时,F54.1 接通,运行 ADDB 功能指令,将目标刀位 +0 并写入到 G54 ~ G57 中,宏程序中 #1032 变量可直接读取目标刀位。第十四步与第十五步主要用于在宏程序中判断当前刀位是否与目标刀位一致,如果一致,则宏程序直接跳转结束,如图 9-7-19 所示。

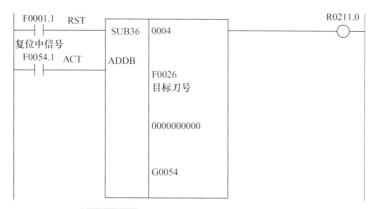

图 9-7-19 目标刀位写入系统变量程序

项目评价

项目九评价表

验收项目及要求	配分	配分标准	扣分	得分	备注
PMC 梯图编写 1. 机床工作方式功能编写 2. 机床软限位功能编写 3. 机床循环启动功能编写 4. 单段功能编写 5. 冷却功能编写 6. 润滑功能编写 7. 斗笠式刀库功能编写	100	1. 机床工作方式功能不正常,每处扣 3 分 2. 机床软限位功能不正常,扣 10 分 3. 机床循环启动功能不正常,扣 10 分 4. 单段功能不正常,扣 10 分 5. 冷却功能不正常,扣 10 分 6. 润滑功能不正常,扣 10 分 7. 刀库伸出功能不正常,扣 5 分 8. 刀库缩回功能不正常,扣 5 分 9. 刀库正转不正常,扣 5 分 10. 刀库反转不正常,扣 5 分 11. 刀库自动换到流程不正常,扣 20 分			
安全生产	1. 自觉遵守安全文明生产规程 2. 保持现场干净整洁,工具摆放有序	1. 漏接接地线每处扣 5 分 2. 每违反一项规定扣 3 分 3. 发生安全事故,按 0 分处理 4. 现场凌乱、乱放工具、乱丢杂物、完成任务后不清理现场扣 5 分			
时间	8h	提前 10min 以上正确完成,加 5 分			

项目测评

1. 任选操作面板上一个未使用的按键,诊断其输入地址和按键指示灯输出地址,编写程序实现机床锁住功能。

2. 任选操作面板上一个未使用的按键，诊断其输入地址和按键指示灯输出地址，编写程序实现机床选择停止功能，并在加工程序中编写 M01 进行验证。

3. 一台数控机床，其润滑功能有如下要求：开机润滑 15s，然后每 30min 润滑 15s，编写程序实现该功能。

项目十

数控机床数据备份

项目引入

机床中的数据包括系统参数、梯形图、螺补数据、加工程序等，这些数据对保证机床的功能正常以及用户加工至关重要，一旦数据被误修改或者丢失，都会造成机床故障，给生产造成损失。特别是螺补数据，每台机床都是不一样的。所以一般都会把机床原始数据备份出来，便于维修或者调试机床时使用。

项目目标

1. 掌握系统全部数据的备份方法。
2. 掌握在 BOOT 界面下备份全部数据的方法。
3. 掌握在开机界面下系统数据的分别备份方法。

延伸阅读

忧患意识，有备无患。

延伸阅读

任务一 系统全数据备份

系统全数据备份

重点和难点

1. 系统中有哪些数据及数据的存储类型。
2. FROM 与 SRAM 内存的区别。

相关知识

数控机床的数据关系着数控机床的精度和功能，当机床使用不当或长时间不使用都可能会造成数控机床数据的丢失，影响数控机床的正常使用。例如，对加工精度有影响的螺补数据、刀补数据、伺服参数，对功能有影响的 PMC 参数和梯形图等，所以进行数控机床系统数据的备份至关重要。因为机床丝杠和导轨的差异,使得每台数控机床的参数都有些许差异。所以在每台机床所有参数调整完成后,都需要对出厂参数等数据进行备份,做好备注并存档。表 10-1-1 是数控机床中的数据类型及其存储区域。

表 10-1-1 数控机床的数据类型

数据类型	保存区域	来源	备注
CNC 参数	SRAM	机床厂家提供	必须保存
PMC 参数	SRAM	机床厂家提供	必须保存
螺距误差补偿	SRAM	机床厂家提供	必须保存
加工程序	SRAM	最终用户提供	根据需要保存
宏程序	SRAM	机床厂家提供	必须保存
梯形图程序	FROM	机床厂家提供	必须保存
宏编译程序	FROM	机床厂家提供	如果有保存
C 执行程序	FROM	机床厂家提供	如果有保存
系统文件	FROM	FANUC 提供	不需要保存

FANUC 数控系统的数据的存储内存分为两类:FROM 和 SRAM。

FROM(FLASH-ROM):是一种不能自动写入只可以读出的存储器。通常用于存储控制程序、常数等。FROM 中的数据相对稳定,一般情况下不容易丢失。因为梯形图程序关乎着机床绝大多数功能,所以在这里即便它保存在 FROM 中,也需要对它进行备份。

SRAM(STATIC-RAM,静态存储器):是一种可以随机存取,并可以经常自由改写其内容的存储装置。在 SRAM 中的数据由于断电后需要电池保护,有易失性的缺点,所以保留数据非常必要。

任务实施

任务背景:有一台机床,已经调试完成,现需要将机床中所有的数据一次性导出,用于机床数据存档,方便后期数据恢复。

第一步:①按"SYSTEM"键;②按"参数"键;③设置参数 BOP(No.313#0)=1,如图 10-1-1 所示。

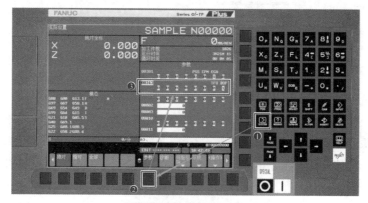

图 10-1-1 修改参数

第二步：①按"SYSTEM"键进入参数画面；②连续按右翻页键；③按"所有IO"键，进入所有输入/输出界面，如图10-1-2所示。

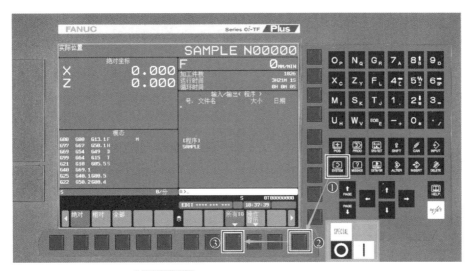

图10-1-2 进入所有输入/输出界面

第三步：①连续按右翻页键；②按"全部数据"键，进入全部数据备份界面；③按"操作"键，如图10-1-3所示。

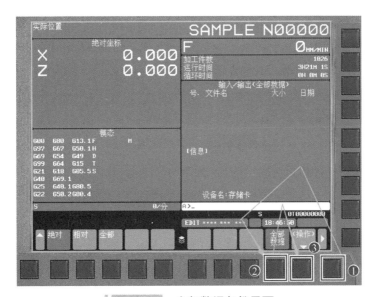

图10-1-3 全部数据备份界面

第四步：插入CF卡，按"输出"键，如图10-1-4所示。
第五步：按"执行"键，如图10-1-5所示。

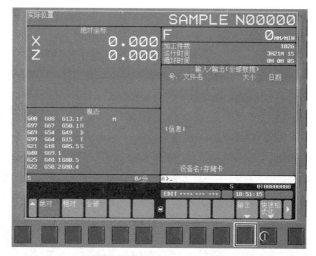

图 10-1-4　输出全部数据 1

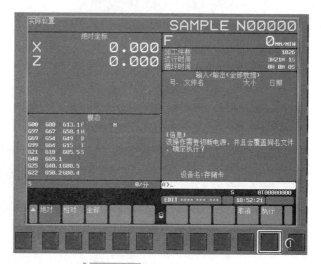

图 10-1-5　输出全部数据 2

第六步：等待系统将所有数据导出到存储卡中，如图 10-1-6 所示。

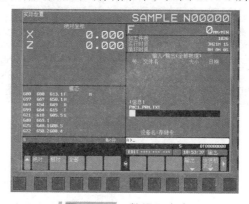

图 10-1-6　数据导出中

项目 十 数控机床数据备份

第七步：执行完成后关断电源。当电源再打开时，会自动向存储卡输出 SRAM 数据、用户文件等，如图 10-1-7 所示。

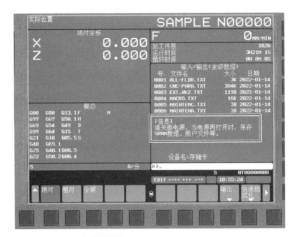

图 10-1-7 断电备份其余数据

任务二 在 BOOT 界面下备份全部数据

在BOOT界面下备份全部数据

重点和难点

1. 进入 BOOT 界面的方法。
2. 在 BOOT 界面下备份仅支持 CF 卡。

任务实施

任务背景：有一台机床已经调试完成，现需要将机床中的 SRAM 数据和 PMC 梯形图导出，用于后续的批量调试。

第一步：将 CF 卡插入数控系统 PCMCIA 接口，如图 10-2-1 所示，注意 CF 卡不要插反，插反会损坏插槽中的插针。

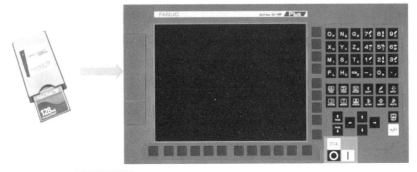

图 10-2-1 将 CF 卡插入数控系统 PCMCIA 接口

第二步：先按住显示器下面最右边两个键（或者 MDI 的数字键 6 和 7），再通电进入 FANUC 系统 BOOT 界面，如图 10-2-2 所示。

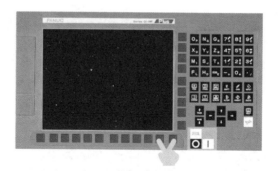

图 10-2-2　进入 BOOT 引导界面按键

第三步：进入 BOOT 界面后，如图 10-2-3 所示。

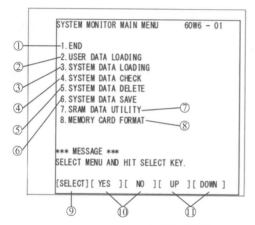

① 退出BOOT画面，启动CNC
② 用户数据加载，向FLASH ROM写入数据
③ 系统数据加载，向FLASH ROM写入数据
④ 系统数据检查
⑤ 删除FLASH ROM或存储卡中的文件
⑥ 将FLASH ROM中的用户文件写到存储卡上
⑦ 备份/恢复SRAM区
⑧ 格式化存储卡
⑨ 选择菜单
⑩ 是否确定当前操作
⑪ 上下移动光标

图 10-2-3　BOOT 界面主菜单

第四步：①将光标向下移动到"7. SRAM DATA UTILITY"行；②按"SELECT"键，进入 SRAM DATA BACKUP 界面，如图 10-2-4 所示。

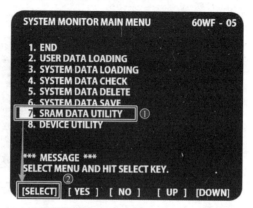

图 10-2-4　进入 SRAM 备份菜单

项目 十 数控机床数据备份

第五步：①将光标向下移动到"1. SRAM BACKUP"行；②按"SELECT"键，如图 10-2-5 所示。

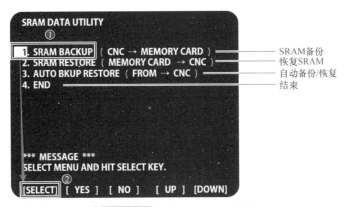

图 10-2-5　选择 SRAM 备份

第六步：①按下"SELECT"键，执行"SRAM BACKUP"时，如果在存储卡上已经有了同名的文件，会询问"OVER WRITE OK？"，如果可以覆盖，②按下"YES"键继续操作，如图 10-2-6 所示。

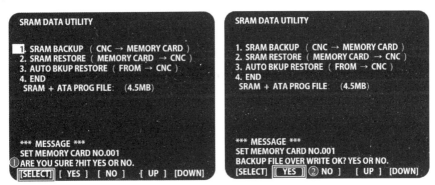

图 10-2-6　确认执行备份

第七步：①执行结束后，显示"SRAM BACKUP COMPLETE.HIT SELECT KEY"信息；②按下"SELECT"键，返回主菜单，如图 10-2-7 所示。

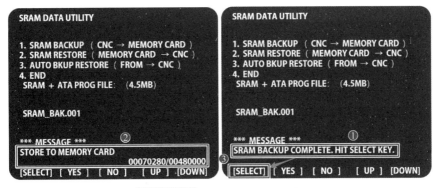

图 10-2-7　向 CF 卡写入备份

第八步：①将光标向下移动到"6. SYSTEM DATA SAVE"行，②按"SELECT"键，进入 SYSTEM DATA SAVE 界面，如图 10-2-8 所示。

第九步：①按"PAGE ↓"向下翻页找到"PMC1"行；②按"SELECT"键；③提示是否写入后按"YES"键，PMC 梯形图开始备份，如图 10-2-9 所示。

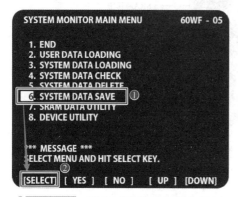

图 10-2-8　进入系统数据备份菜单

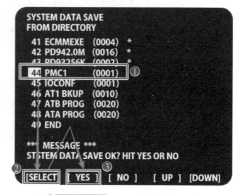

图 10-2-9　执行备份操作

第十步：①提示"FILE SAVE COMPLETE.HIT SELECT KEY."后表示 PMC 梯形图已经备份完成；②按"SELECT"键返回菜单，如图 10-2-10 所示。

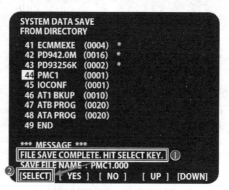

图 10-2-10　备份完成

第十一步：①按"DOWN"键移动到"49 END"；②按"SELECT"键，退回初始菜单；③将光标移到"1. END"行；④按"SELECT"键启动数控系统，如图 10-2-11 所示。

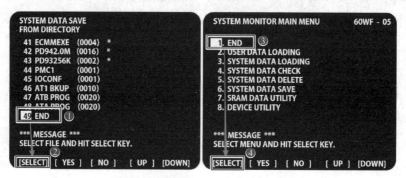

图 10-2-11　退出 BOOT 界面

项目 十 数控机床数据备份

任务三 系统数据的分别备份

重点和难点

1. 清晰掌握数据流向是从系统到 CF 卡还是从 CF 卡到系统。
2. PMC 梯形图恢复后需要写入 FROM。

任务实施

任务背景：有一台机床，需要单独备份数控系统参数、螺距误差补偿、PMC 参数和 PMC 梯形图，并在有需要的时候分别恢复各项数据。

一、外部设备类型设置

选择外部设备类型为 CF 卡：①按"SYSTEM"键；②按"参数"键；③设置参数 I/O CHANNEL（No.20）=4，外部设备设置为 CF 卡，如图 10-3-1 所示。如果使用 U 盘备份数据，则设置参数 I/O CHANNEL（No.20）=17 即可。

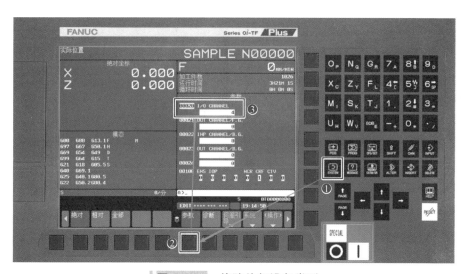

图 10-3-1 修改外部设备类型

二、系统参数的备份与恢复

1. 系统参数的备份

第一步：解除急停，在机床操作面板上选择 EDIT（编辑）方式，①按"SYSTEM"键；②找到并进入参数界面；③按"操作"键，如图 10-3-2 所示。

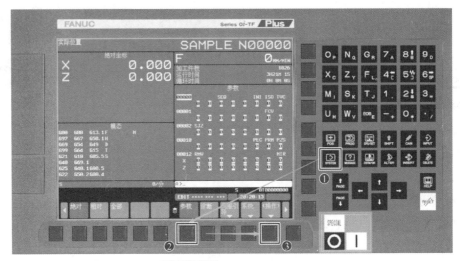

图 10-3-2　进入参数界面

第二步：按右翻页键，然后按"输出"键，按"执行"键，参数自动向存储卡中输出，文件名为"CNC-PARA.TXT"，如图 10-3-3 所示。

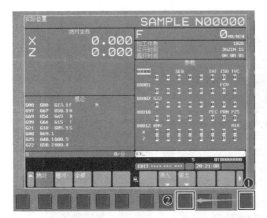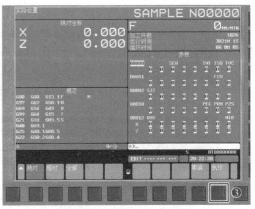

图 10-3-3　备份系统参数

2. 系统参数的恢复

①按"读入"键；②按"执行"键，参数自动从存储卡恢复到系统中，通常系统会提示需要重启，如图 10-3-4 所示。

三、螺距误差补偿的备份与恢复

1. 螺距误差补偿的备份

第一步：解除急停，在机床操作面板上选择 EDIT（编辑）方式，①按"SYSTEM"键；②连续按右翻页键；③找到并进入螺距误差补偿界面；④按"操作"键，如图 10-3-5 所示。

项目 十 数控机床数据备份

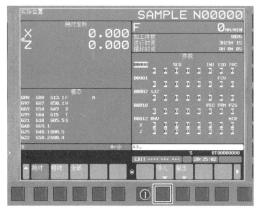 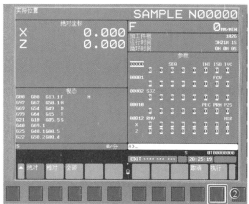

图 10-3-4　恢复系统参数

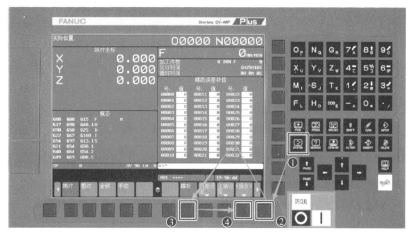

图 10-3-5　进入螺距误差补偿界面

第二步：①按"输出"键；②按"执行"键，螺距误差补偿自动向存储卡中输出，输出文件名为"PITCH.TXT"，如图 10-3-6 所示。

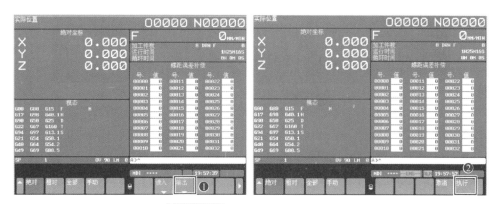

图 10-3-6　备份螺距误差补偿

193

2. 螺距误差补偿的恢复

按"读入"键，然后按"执行"键，螺距误差补偿自动从存储卡恢复到系统中，如图 10-3-7 所示。

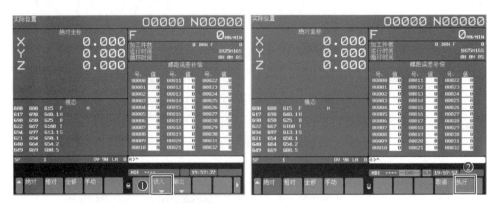

图 10-3-7　恢复螺距误差补偿

四、PMC 参数的备份与恢复

1. PMC 参数的备份

第一步：解除急停，在机床操作面板上选择 EDIT（编辑）方式，①按"SYSTEM"键；②连续按右翻页键；③找到并进入 PMC 维护界面，按"PMC 维护"键，如图 10-3-8 所示。

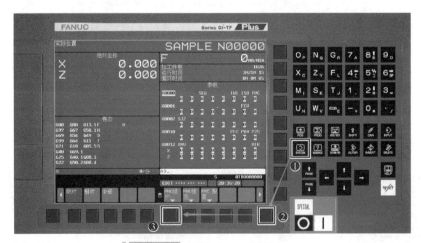

图 10-3-8　进入 PMC 维护界面

第二步：①按"I/O"键，进入 I/O 界面；②然后按"操作"键，如图 10-3-9 所示。

第三步：①移动光标，将"装置"选为"存储卡"，"功能"选为"写"，"数据类型"选为"参数"；②按"新建文件名"键；③等待文件名生成"PMC1_PRM.000"时，按"执行"键，如图 10-3-10 所示。

项目 十 数控机床数据备份

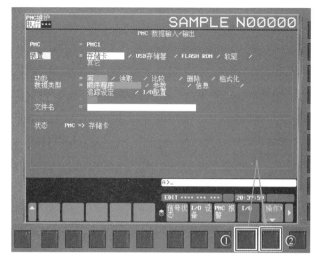

图 10-3-9　选择备份项目

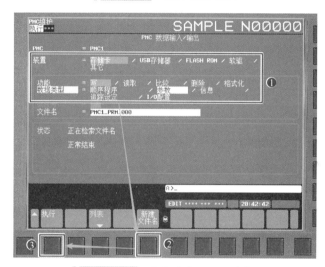

图 10-3-10　执行备份 PMC 参数

备份结束后，状态中提示正常结束，PMC 参数文件已经保存在存储卡中，如图 10-3-11 所示。

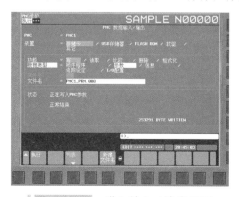

图 10-3-11　进入输入 / 输出界面

2. PMC 参数的恢复

第一步：①移动光标将"装置"选为"存储卡"，"功能"选为"读取"；②按"列表"键，如图 10-3-12 所示。

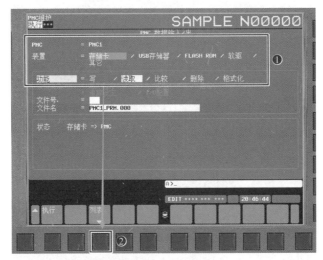

图 10-3-12 选择恢复项目

第二步：①将光标移到"PMC1_PRM.000"文件，然后按"选择"键；②按"执行"键，如图 10-3-13 所示。

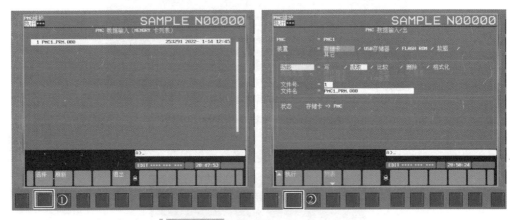

图 10-3-13 选择恢复的 PMC 参数

第三步：①提示是否要读取文件，再次按"执行"键；②提示正常结束，PMC 参数文件已经恢复到系统中，如图 10-3-14 所示。

项目 十 数控机床数据备份

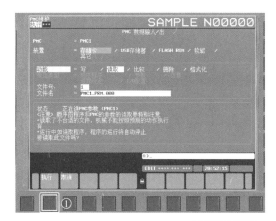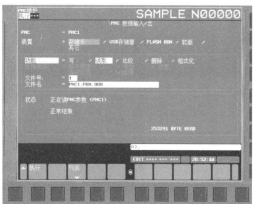

图 10-3-14 恢复 PMC 参数

五、PMC 梯形图的备份与恢复

1. PMC 梯形图的备份

第一步：解除急停，在机床操作面板上选择 EDIT（编辑）方式，①按"SYSTEM"键；②连续按右翻页键；③找到并进入 PMC 维护界面，按"PMC 维护"键，如图 10-3-15 所示。

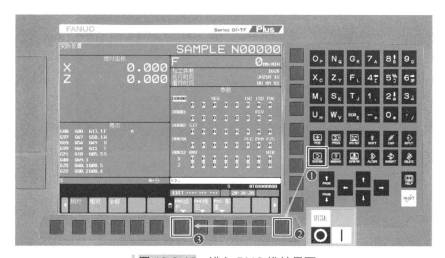

图 10-3-15 进入 PMC 维护界面

第二步：①按"I/O"键，进入输入/输出界面；②按"操作"键，如图 10-3-16 所示。

第三步：①移动光标将"装置"选为"存储卡"，"功能"选为"写"，"数据类型"选为"顺序程序"；②按"新建文件名"键；③等待文件名生成"PMC1.000"时，按"执行"键，如图 10-3-17 所示。

备份结束后，状态中提示正常结束，PMC 梯形图文件已经保存在存储卡中，如图 10-3-18 所示。

197

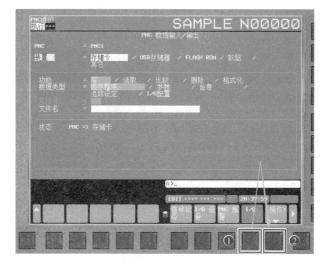

图 10-3-16　选择备份项目

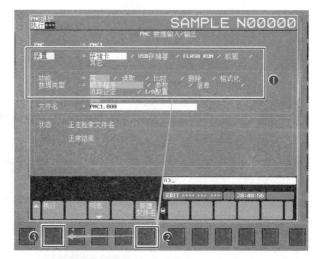

图 10-3-17　执行备份 PMC 梯形图

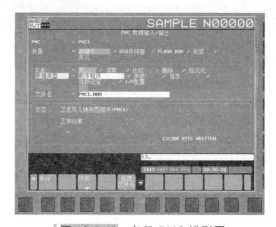

图 10-3-18　备份 PMC 梯形图

2. PMC 梯形图的恢复

第一步：①移动光标将"装置"选为"存储卡","功能"选为"读取";②按"列表"键,如图 10-3-19 所示。

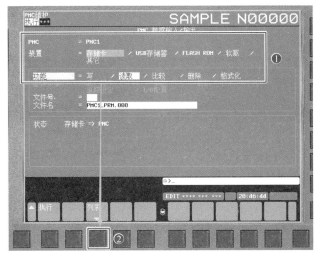

图 10-3-19　选择恢复项目

第二步：①将光标移到"PMC1.000"文件,然后按"选择"键;②按下"执行"键,如图 10-3-20 所示。

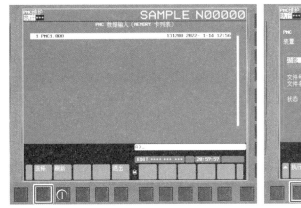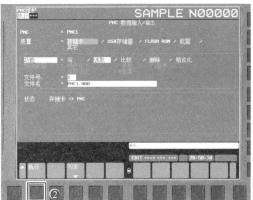

图 10-3-20　选择恢复的 PMC 梯形图

第三步：①提示是否要读取文件,再次按"执行"键;②提示正常结束,PMC 梯形图文件已经恢复到系统中,如图 10-3-21 所示。

第四步：①移动光标将"装置"选为"FLASH ROM","功能"选为"写","数据类型"选为"顺序程序";②按"执行"键,等待提示写入正常结束,表示梯形图文件已写入 FROM 中,断电重启不会丢失,如图 10-3-22 所示。

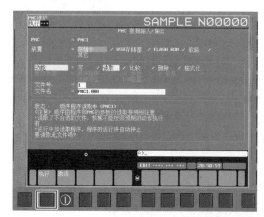
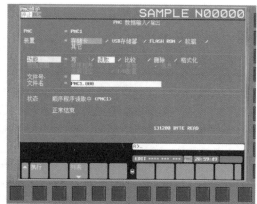

图 10-3-21　恢复 PMC 梯形图

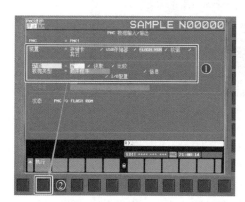
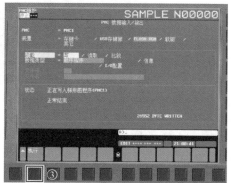

图 10-3-22　写入 FROM

项目评价

项目十评价表

验收项目及要求		配分	配分标准	扣分	得分	备注
数据备份	1. 完成数控系统全数据备份 2. 在 BOOT 界面下备份 SRAM 数据 3. 在 BOOT 界面下备份 PMC 梯图 4. 在数控系统界面下备份系统参数 5. 在数控系统界面下备份螺距误差补偿数据 6. 在数控系统界面下备份 PMC 参数 7. 在数控系统界面下备份 PMC 梯形图 8. 在数控系统界面下恢复系统参数 9. 在数控系统界面下恢复螺距误差补偿数据 10. 在数控系统界面下恢复 PMC 参数 11. 在数控系统界面下恢复 PMC 梯形图	100	1. 未完成数控系统全数据备份，扣 10 分 2. 在 BOOT 界面下备份 SRAM 数据未完成，扣 10 分 3. 在 BOOT 界面下备份 PMC 梯图未完成，扣 10 分 4. 在数控系统界面下备份系统参数未完成，扣 10 分 5. 在数控系统界面下备份螺距误差补偿数据未完成，扣 5 分 6. 在数控系统界面下备份 PMC 参数未完成，扣 10 分 7. 在数控系统界面下备份 PMC 梯形图未完成，扣 10 分 8. 在数控系统界面下恢复系统参数未完成，扣 10 分 9. 在数控系统界面下恢复螺距误差补偿数据未完成，扣 5 分 10. 在数控系统界面下恢复 PMC 参数未完成，扣 10 分 11. 在数控系统界面下恢复 PMC 梯形图未完成，扣 10 分			

项目 十 数控机床数据备份

(续)

验收项目及要求	配分	配分标准	扣分	得分	备注
安全生产 1. 自觉遵守安全文明生产规程 2. 保持现场干净整洁，工具摆放有序		1. 每违反一项规定扣3分 2. 发生安全事故，按0分处理 3. 现场凌乱、乱放工具、乱丢杂物、完成任务后不清理现场扣5分			
时间 1h		提前10min以上正确完成，加5分			

项目测评

1. 在计算机上用记事本编辑一个加工程序O0001，用CF卡将它导入数控系统中，并命名为O0002。

2. 用U盘备份系统参数，然后再恢复到系统。

项目十一

工业机器人基础应用

项目引入

在科学技术飞速发展的背景下，集信息化、智能化、机械化于一体的工业机器人成为工业领域的新型装置，它具有安全、高效和自动化的特点。将工业机器人应用于现代工业领域，即基于其智能化制造优势，替代传统人工操作，可以缩短生产周期，降低人力资源成本，减少事故发生率，提高工业生产安全系数，进而有效提升工业领域生产效率。

项目目标

1. 完成对工业机器人构成的基本认知。
2. 掌握工业机器人示教器的基本操作并熟悉按键定义。
3. 掌握工业机器人的基本移动指令编写和坐标系的定义。

延伸阅读

铸牢安全意识。

延伸阅读

任务一 工业机器人系统构成

工业机器人概述

重点和难点

1. 工业机器人系统软件的种类。
2. 工业机器人与外围设备的关联。

相关知识

工业自动化产业逐渐成熟，越来越多的工业机器人应用于各种生产线上。工业机器人是面向工业领域的多关节机械手或多自由度的机器装置，根据生产的需求能自动执行工作，靠自身动力和控制能力来实现各种功能。在制造业重复性劳动较为密集的行业中，可使用

项目十一 工业机器人基础应用

工业机器人替代一部分重复劳动，例如，数控机床中进行毛坯上料、半成品翻转、成品下料、工件合格检测等工序。下面对 FANUC 工业机器人进行简单介绍。

FANUC 工业机器人单元由机器人本体、控制柜、系统软件和周边设备组成，如图 11-1-1 所示。

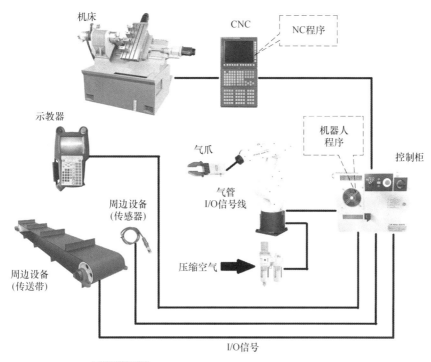

图 11-1-1　FANUC 工业机器人单元基本组成

FANUC 工业机器人由 FANUC 交流伺服电机驱动。交流伺服电机由抱闸单元、交流伺服电机本体和绝对值脉冲编码器三部分组成，如图 11-1-2 所示。

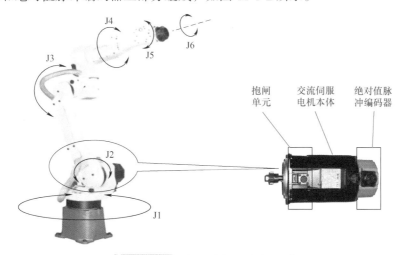

图 11-1-2　机器人伺服电机组成

工业机器人的本体型号位于 J4 手臂上，如图 11-1-3 所示。

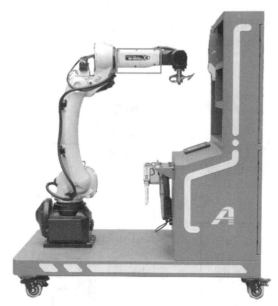

图 11-1-3　工业机器人本体型号

FANUC 工业机器人的常规型号见表 11-1-1。

表 11-1-1　FANUC 工业机器人常规型号

型号	轴数	手部负重 /kg
M-10iA	4/6	0.5
LR Mate 200iD	6	7
M-10iD	6	10（6）
M-20iD	6	20（6）
R-2000iC	6	210（160,200,100,125,175）
R-1000iA	6	100（80）
M-2000iA/M-410iB	6/4	900/450（300,160）

控制柜是控制机构，是工业机器人的大脑，存储着系统软件与用户程序。图 11-1-4 是 R-30iB 控制柜。

工业机器人的应用不同，所安装的系统软件也不同，并且一个控制柜只允许安装一个系统软件。系统软件有用于搬运的 Handling Tool（系统软件界面见图 11-1-5）、用于弧焊的 Arc Tool、用于点焊的 Spot Tool+、用于涂胶的 Dispense Tool、用于喷涂的 Pant Tool、用于激光焊接和切割的 Lader Tool。这些系统软件可以帮助工业机器人在弧焊、点焊、搬运、喷涂、切割、打磨、激光焊接和测量等方面更好地进行工作。

项目 十一 工业机器人基础应用

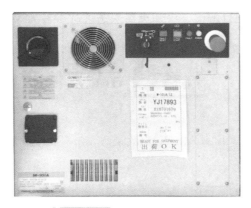

图 11-1-4　R-30iB 控制柜

图 11-1-5　系统软件界面

任务实施

任务背景：有一台未经使用的机器人，现在需要先检查它是哪种类型的机器人，因此需要查看控制柜中安装的系统软件。

第一步：在示教器上按"DIAG"键，进入声明界面，如图 11-1-6 所示。

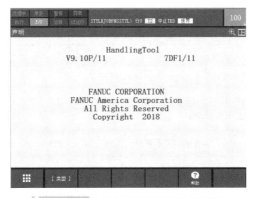

图 11-1-6　系统软件版本声明界面

205

第二步：对图 11-1-6 进行解读，可知机器人系统版本号为 V9.10P/11，且机器人类型为搬运型（HandlingTool）。

任务二 示教器使用

重点和难点 ▶

1. 组合按键的使用。
2. 示教器语言的切换。

相关知识 ▶

机器人示教器是一种手持式操作装置，用于执行与操作机器人系统有关的许多任务：编写程序、运行程序、修改程序、手动操纵、参数配置、监控机器人状态等。示教器包括安全开关、急停按钮和一些功能按钮，示教器实物如图 11-2-1 所示。

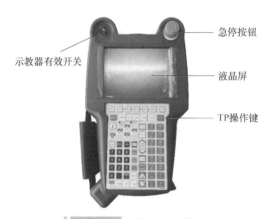

图 11-2-1 机器人示教器

1. 示教器开关

示教器开关及功能介绍见表 11-2-1。

表 11-2-1 示教器开关及功能

开关	功能
示教器有效开关	将示教器置于有效开关状态。示教器无效时，点动进给、程序创建、测试执行无法进行
安全开关	在示教器的背面，三位置安全开关按到中间位置为有效。有效时，松开安全开关或者用力将其按到底时，工业机器人都会停止
急停按钮	按"急停"按钮，不管示教器有效开关的状态如何，工业机器人都会停止

2. 示教器状态栏

示教器显示界面的上部窗口，称为状态窗口，上面显示 8 个功能图标 LED、报警显示、倍率值。功能图标 LED 中，带有图标的显示表示"ON"，不带图标且文字为灰色的显示表示"OFF"。功能图标 LED 的界面如图 11-2-2 所示，功能图标 LED 含义见表 11-2-2。

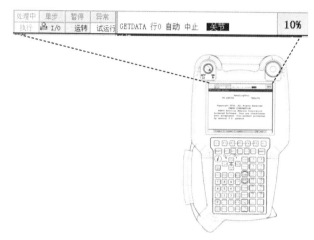

图 11-2-2 示教器状态窗口

表 11-2-2 示教器功能图标 LED 含义

显示 LED	含义
处理中 处理	表示机器人正在进行某项作业
单段 单段	表示处在单段运转模式下
暂停 暂停	表示按下了 HOLD（暂停）按钮，或者输入了 HOLD 信号
异常 异常	表示发生了故障
执行 实行	表示正在执行程序
I/O I/O	这是应用程序固有的 LED
运转 运转	这是应用程序固有的 LED
试运行 测试中	这是应用程序固有的 LED

3. 示教器按键

示教器按键由与菜单相关的按键、与应用相关的按键、与点动相关的按键、与执行相关的按键和其他按键组成。示教器按键界面如图 11-2-3 所示，按键的功能见表 11-2-3 ～表 11-2-7。

图 11-2-3　示教器按键界面

表 11-2-3　与菜单相关的按键及功能

按键	功能
F1 F2 F3 F4 F5	F1~F5 用于选择 TP 屏幕上显示的内容，每个功能键在当前的屏幕上有唯一的内容对应
NEXT	功能键下一页切换
MENU	显示屏幕菜单
FCTN	显示功能菜单
SELECT	显示程序选择界面
EDIT	显示程序编辑界面

（续）

按键	功能
DATA	显示数据画面
TOOL 1　TOOL 2	用来显示工具 1 和工具 2 画面
MOVE MENU	显示预定位置返回画面
SET UP	显示设定画面
STATUS	用来显示状态画面
I/O	用来显示 I/O 画面
POSN	用来显示当前位置（关节、世界、用户）画面
DISP	单独按下的情况下，移动操作对象画面 在与 SHIFT 键同时按下的情况下，分割屏幕（单屏、双屏、三屏、状态 / 单屏）
DIAG/HELP	单独按下的情况下，移动到提示画面 在与 SHIFT 键同时按下的情况下，移动到报警画面
GROUP	单独按下时，按照 G1 → G1S → G2 → G2S → G3 →…→ G1 →… 的顺序依次切换组、副组 按住 GROUP（组切换）键的同时，按住希望变更的组号码的数字键，即可变更为该组。此外，在按住 GROUP 键的同时按下 0，就可以进行副组的切换 注：GROUP 键只在订购多动作和附加轴控制的软件选项，追加并启动附加轴和独立附加轴时才有效

表 11-2-4　与应用相关的按键及功能

按键	功能
SHIFT	SHIFT 键与其他按键同时按下时，可以进行点动进给、位置数据的示教、程序的启动。左右的两个 SHIFT 键功能相同

(续)

按键	功能
+X(J1) +Y(J2) +Z(J3) +X̂(J4) +Ŷ(J5) +Ẑ(J6) -X(J1) -Y(J2) -Z(J3) -X̂(J4) -Ŷ(J5) -Ẑ(J6) +(J7) -(J8) -(J7) +(J8)	点动键，与 SHIFT 键同时按下时用于点动进给 J7、J8 键用于同一群组内附加轴的点动进给。但是，5 轴机器人和 4 轴机器人等控制轴不到 6 轴的情况下，从空闲中的按键起依次使用 如 5 轴机器人示教器上，将 J6、J7、J8 键用于附加轴的点动进给
COORD	COORD（手动进给坐标系）键，用来切换手动进给坐标系（点动的种类） 依次进行如下切换：关节→手动→世界→工具→用户→关节。当同时按下此键与 SHIFT 键时，出现用来进行坐标系切换的点动菜单
-% / +%	倍率键用来进行速度倍率的变更。依次进行如下切换：微速→低速→1%→5%→50%→100%（5% 以下时，以 1% 为刻度切换；5% 以上时，以 5% 为刻度切换）

表 11-2-5　与点动相关的按键及功能

按键	功能
FWD / BWD	FWD（前进）键、BWD（后退）键（+ SHIFT 键）用于程序的启动。程序执行中松开 SHIFT 键时，程序执行暂停
HOLD	用来中断程序的执行
STEP	用于测试运转时断续运转和连续运转的切换

表 11-2-6　与执行相关的按键及功能

按键	功能
PREV	用于使显示返回到之前进行的状态。根据操作，有的情况下不会返回到之前的状态显示
ENTER	用于数值的输入和菜单的选择
BACK SPACE	用来删除光标位置之前一个字符或数字

(续)

按键	功能
↑ ← ↓ →	光标键用来移动光标 光标是指可在示教器画面上移动的部分,该部分成为通过示教器键进行操作(数值/内容的输入或者变更)的对象
ITEM	用于输入行号码后移动光标

表 11-2-7 其他按键及功能

按键	功能
i	i 键,在与如下键同时按下时使用 MENU(菜单)键 FCTN(辅助)键 EDIT(编辑)键 DATA(数据)键 POSN(位置显示)键 JOG(点动)键 DISP(画面切换)键

4. 示教器 LED 灯

示教器上有如下两个 LED 灯,用于显示状态,如图 11-2-4 所示。它们的功能见表 11-2-8。

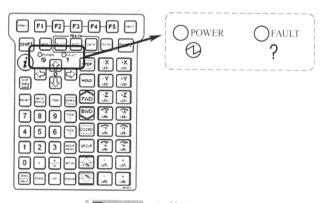

图 11-2-4 示教器 LED 灯

表 11-2-8 示教器 LED 灯及功能

显示 LED	功能
POWER(电源)	表示控制装置的电源接通
FAULT(报警)	表示发生了报警

任务实施

任务背景：有一台全新的机器人,在调试前需要将语言修改为中文。

第一步：机器人主电源开关打开后,等待示教器进入系统界面后,转动 Mode Switch 机器人模式开关,选择手动 T1 运行模式,然后再将示教器开关置于 ON 档,如图 11-2-5 所示。

图 11-2-5　示教器有效开关

第二步：单击示教器 MENU 按键,进入示教器菜单栏,选择 SETUP,在子菜单栏中选择 General,进入常规界面,如图 11-2-6 所示。

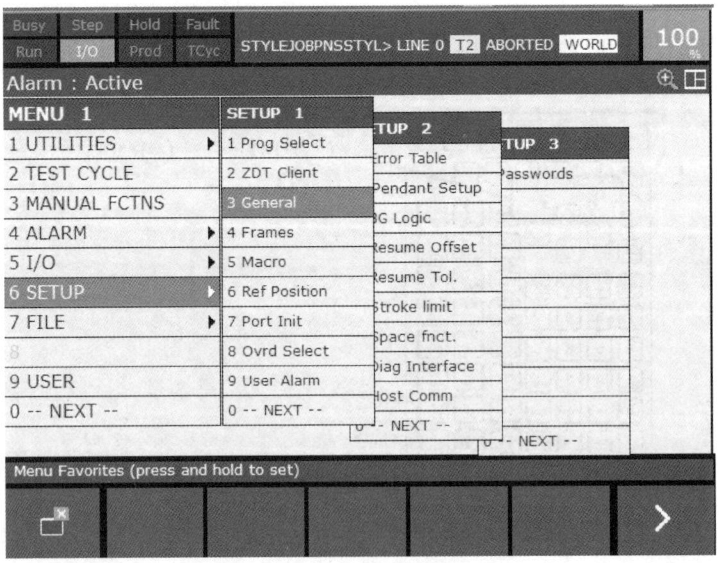

图 11-2-6　进入常规界面

第三步：进入控制面板后选择第二行：Current Language（语言）,再按下示教器界面 F4 （CHOICE）按键,进行语言选择,如图 11-2-7 所示。

项目 十一 工业机器人基础应用

图 11-2-7 语言设置界面

第四步：进入语言设置界面以后，选择"Chinese"，再次按下示教器界面 ENTER 按键确认，等待 1s 左右，页面就会自动切换成中文，如图 11-2-8 所示。

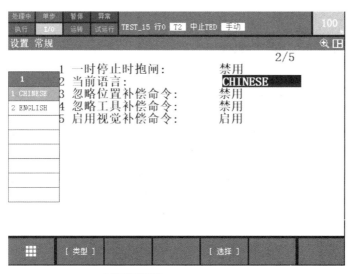

图 11-2-8 切换中文语言

任务三 工业机器人坐标系

工业机器人坐标系

重点和难点

1. 在不同场景中去合理选择坐标系。
2. 合理选用运动指令与设置正确的参数。

213

相关知识

一、机器人坐标系介绍

坐标系是为确定机器人的位置和姿态而在机器人或空间上进行定义的位置坐标系统,以适应外部不同环境。机器人的坐标系如图 11-3-1 和图 11-3-2 所示,其作用介绍见表 11-3-1。

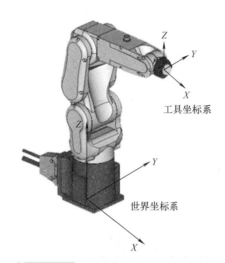

图 11-3-1 世界坐标系与工具坐标系

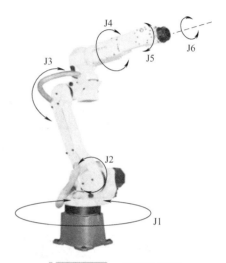

图 11-3-2 关节坐标系

表 11-3-1 机器人坐标系含义

坐标系	作用
Joint Frame（关节坐标系）	机器人由伺服电机驱动的轴和手腕构成,手腕的接合处称为关节,在关节坐标系下只移动一个关节,其他关节不会产生联动。当机器人需要大幅度调节姿态时,推荐使用关节坐标系
World Frame（世界坐标系）	被固定在空间上的标准直角坐标系,其被固定在由机器人事先确定的位置,通常在第 1 轴和第 2 轴连接处的正中心 用户坐标系、点动坐标系基于该坐标系而设定 用于位置数据的示教和执行
Tool Frame（工具坐标系）	是直角坐标系,TCP 点位于第 6 轴法兰中心。在焊接中广泛应用
User Frame（用户坐标系）	机器人工作的位置不总是与世界坐标系平行,因此为了便于示教,需要建立一个用户坐标系（在未定义时,该坐标系等同于世界坐标系）
Jog Frame（点动坐标系）	是为使用点动控制而设的坐标系（在未定义时,该坐标系等同于世界坐标系）

二、机器人手动操作

1. 基于关节坐标移动

第一步：左手持机器人示教器,右手按示教器按键部分的"COORD"键来选择坐标系,当示教器显示屏中的通知栏显示"关节"时即可,如图 11-3-3 所示。

项目 十一 工业机器人基础应用

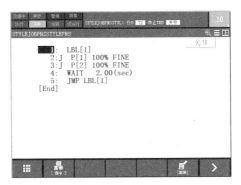

图 11-3-3 关节坐标系

第二步：左手按住示教器背面的"使能键"，同时按住"SHIFT"键，右手再按 J1、J2、J3、J4、J5、J6 按键来控制单个轴的正反方向运动，移动过程中，每一个按键都不能松开，如果松开则移动停止，如图 11-3-4 所示。

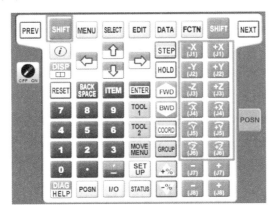

图 11-3-4 关节坐标移动机器人

2. 基于世界坐标移动

第一步：左手持机器人示教器，右手按示教器按键部分的"COORD"键来选择坐标系，当示教器显示屏中的通知栏显示"世界"时即可，如图 11-3-5 所示。

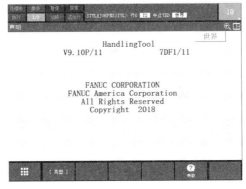

图 11-3-5 世界坐标系

215

第二步：左手按住示教器背面的"使能键"同时按住"SHIFT"键，右手再按 –X、+X、–Y、+Y、–Z、+Z 按键来控制机器人沿正反方向运动，移动过程中，每一个按键不能松开，如果松开则移动停止，如图 11-3-6 所示。

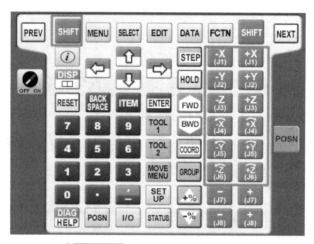

图 11-3-6　世界坐标移动机器人

三、机器人运动指令

机器人在空间中的运动主要有关节运动（Joint）、线性运动（Linear）和圆弧运动（Circular）三种方式。

（一）关节运动指令

程序一般起始点使用 J 指令。机器人将 TCP 沿最快速轨迹移动到目标点，机器人的运动更加高效且柔和，TCP 路径不可预测，所以使用该指令务必确认机器人与周边设备不会发生碰撞。机器人最快速的运动轨迹通常不是最短的轨迹，因而关节轴运动不是直线。由于机器人轴的旋转运动，弧形轨迹会比直线轨迹更快。关节运动轨迹如图 11-3-7 所示。

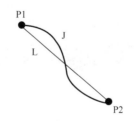

图 11-3-7　关节运动轨迹

运动特点：①运动的具体过程是不可预见的；②六个轴同时启动并且同时停止。

1. 指令格式

J P [1] 100% FINE

J P [1] 100% CNT100

指令格式说明：

1）J：机器人关节运动。

2）P［1］：目标点。

3）100%：机器人关节以100%速度运动。

4）FINE：单行指令运动结束稍作停顿。

5）CNT100：机器人运动中两行指令以半径为100mm的圆弧过渡。

2. 应用

机器人以最快捷的方式运动至目标点，机器人运动状态不完全可控，但运动路径保持唯一，常用于机器人在空间大范围移动。

3. 编程实例

根据图11-3-8所示的运动轨迹，写出其关节指令程序。

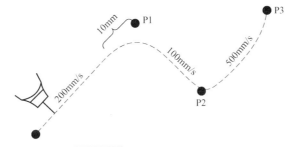

图 11-3-8　关节运动轨迹编写

图11-3-8所示运动轨迹的指令程序如下：

L P［1］200mm/sec CNT10

L P［2］100mm/sec FINE

J P［3］500mm/sec FINE

（二）线性运动指令

线性运动指令也称为直线运动指令。工具的TCP按照设定的姿态从起点匀速移动到目标位置点，TCP运动路径是三维空间中P1点到P2点的直线运动，如图11-3-9所示。直线运动的起始点是前一运动指令的示教点，结束点是当前指令的示教点。

运动特点：运动路径可预见；在指定的坐标系中实现插补运动。

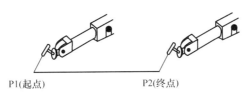

P1(起点)　　P2(终点)

图 11-3-9　线性运动轨迹

1. 指令格式

L@P［1］100mm/sec FINE

L@P［1］100mm/sec CNT100

指令格式说明：

1）L：机器人直线运行。

2）P［1］：目标点。

3）100mm/sec：机器人 TCP 点以 100mm/s 速度运动。

4）FINE：单行指令运动结束稍作停顿。

5）CNT100：机器人运动中两行指令以半径为 100mm 的圆弧过渡。

2. 应用

机器人以线性方式运动至目标点，当前点与目标点两点决定一条直线，机器人运动状态可控，运动路径保持唯一，可能出现奇点，常用于机器人在工作状态时的移动。

（三）圆弧运动指令

圆弧运动指令也称为圆弧插补运动指令。三点确定唯一圆弧，因此，圆弧运动需要示教三个圆弧运动点，起始点 P1 是上一条运动指令的末端点，P2 是中间辅助点，P3 是圆弧终点，如图 11-3-10 所示。

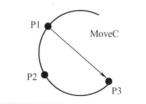

图 11-3-10　圆弧运动轨迹

1. 指令格式

J P［1］100% FINE

C P［2］

P［3］2000mm/sec FINE

指令格式说明：

1）C：机器人圆弧运动。

2）P［2］：圆弧中间点。

3）P［3］：圆弧终点。

4）2000mm/sec：机器人运行速度。

5）FINE：单行指令运动结束稍作停顿。

2. 应用

机器人通过中心点以圆弧移动方式运动至目标点，当前点、中间点与目标点三点决定一

项目 十一 工业机器人基础应用

段圆弧，机器人运动状态可控，运动路径保持唯一，常用于机器人在工作状态移动。

项目评价

项目十一评价表

验收项目及要求		配分	配分标准	扣分	得分	备注
机器人操作	1. 将示教器修改成中文界面 2. 建立工具坐标系 3. 建立用户坐标系	50	1. 未将示教器修改成中文界面，扣10分 2. 未建立工具坐标系，扣20分 3. 未建立用户坐标系，扣20分			
机器人编程	完成下图机器人程序编写	50	1. 机器人程序自动运行，每错一处扣5分 2. 发生轻微碰撞扣10分，严重碰撞扣50分			
安全生产	1. 自觉遵守安全文明生产规程 2. 保持现场干净整洁，工具摆放有序		1. 每违反一项规定扣3分 2. 发生安全事故，按0分处理 3. 现场凌乱、乱放工具、乱丢杂物、完成任务后不清理现场扣5分			
时间	2h		提前10min以上正确完成，加5分			

项目测评

1. 切换不同坐标系测试机器人的移动。
2. 根据图11-3-11结合前面的内容尝试编写一段程序。

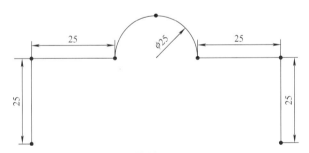

图 11-3-11　运动轨迹

项目十二

工业机器人自动上下料搬运

项目引入 ▶

当前,在机械加工行业,机器人已经发展成为柔性制造系统(FMS)和柔性制造单元(FMC)中的一个重要组成部分,机器人和机床设备共同组成一个柔性制造单元或柔性制造系统,可以提高加工速度和节省人力资源成本,实现无人自动化生产,提高生产效率。

项目目标 ▶

1. 了解常规机床上下料搬运系统的构成与 I/O 信号。
2. 掌握工业机器人上下料的基本流程与程序编写。

延伸阅读 ▶

技术革新,永无止境。

延伸阅读

任务一 机床上下料搬运系统的构成

机床上下料搬运系统构成

重点和难点 ▶

上下料搬运系统中各设备的作用与关联。

相关知识 ▶

一、机床上下料搬运系统的构成

机床上下料搬运系统的机器人部分如图 12-1-1 所示,其各部分的功能见表 12-1-1。

项目 十二 工业机器人自动上下料搬运

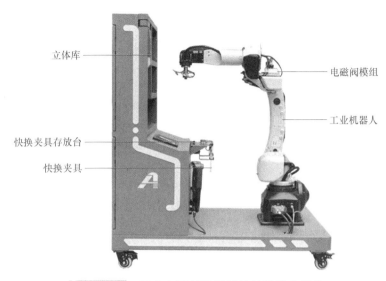

图 12-1-1 机床上下料搬运系统的机器人部分

表 12-1-1 机器人各部分功能

序号	名称	功能
1	工业机器人	通过夹具实现携带物体在空间移动
2	电磁阀模组	用于控制快换夹具的锁紧释放、夹具的开闭、喷嘴出气
3	立体库	用于放置毛坯与成品，并由传感器检测物料是否在位
4	快换夹具存放台	用于存放快换夹具，并由传感器检测夹具是否在存放台上
5	快换夹具	为了适应不同类型的工件，因此使用快换夹具，便于多种工件的搬运

机床上下料搬运系统的机床部分必须配备可实现自动控制的气动平口钳夹具和气动门，如图 12-1-2 所示，各部分功能见表 12-1-2。

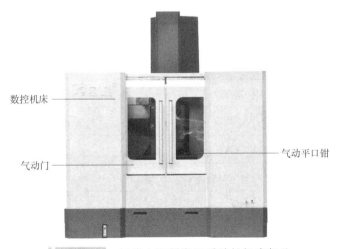

图 12-1-2 机床上下料搬运系统的机床部分

221

表 12-1-2　机床各部分功能

序号	名称	功能
1	数控机床	实现工件的加工
2	气动平口钳	实现工件的自动装夹，可以通过接收机器人侧发送的信号控制平口钳
3	气动门	遮挡铁屑的飞溅，可以通过接收机器人侧发送的信号控制气动门

二、机床上下料搬运系统的 I/O 信号

机器人实现机床上下料的搬运，除机器人本体的移动指令外，还需要控制外部设备，也需要接收外部设备发出的信号以感知环境，因此程序中需要用到输入与输出信号，相关信号介绍见表 12-1-3 和表 12-1-4。

表 12-1-3　机器人输入信号

输入信号	名称
RI [1]	手爪松开到位
RI [2]	手爪夹紧到位
RI [3]	手爪在机器人末端
DI [101]	立体库 A1 库位（ON：库位有料；OFF：库位无料）
DI [102]	立体库 A2 库位
DI [103]	立体库 A3 库位
DI [104]	立体库 A4 库位
DI [105]	立体库 B1 库位
DI [106]	立体库 B2 库位
DI [107]	立体库 B3 库位
DI [108]	立体库 B4 库位
DI [109]	立体库 C1 库位
DI [110]	立体库 C2 库位
DI [111]	立体库 C3 库位
DI [112]	立体库 C4 库位
DI [113]	夹具 1 到位（ON：快换台有夹具；OFF：快换台无夹具）
DI [114]	夹具 2 到位
DI [121]	机床门开到位 1

(续)

输入信号	名称
DI [122]	机床门开到位 2
DI [123]	机床门关到位 1
DI [124]	机床门关到位 2

表 12-1-4　机器人输出信号

输出信号	名称
RO [1]	ON：快换夹具释放；OFF：快换夹具锁紧
RO [2]	手爪夹紧
RO [3]	手爪松开
RO [4]	ON：喷嘴吹气；OFF：停止吹气
DO [101]	机床门开
DO [102]	机床门关
DO [103]	平口钳松开
DO [104]	平口钳夹紧

任务二　机床上下料的流程

机床上下料流程

重点和难点

1. 各类功能指令的灵活运用。
2. 机器人位置示教的准确性。

相关知识

在编写程序时，除需机器人的移动指令外，还需要其他功能指令配合使用。执行信号输出时，如果有反馈信号，应等待对应信号接通；如果没有反馈信号，应该延时等待；当运行中有多条件并行时，应该使用转移指令进行判断，进而实现程序跳转。

1. 寄存器指令

寄存器指令是用于进行寄存器算术运算的指令。寄存器指令中能够选择的指令主要有以下几种：数值寄存器指令、位置寄存器指令、位置寄存器要素指令、码垛寄存器指令、字符串寄存器、字符串指令。

1）数值寄存器指令：是用于进行寄存器算术运算的指令，可用于存储实数的变量，数值寄存器指令的格式和解释如图 12-2-1 所示。

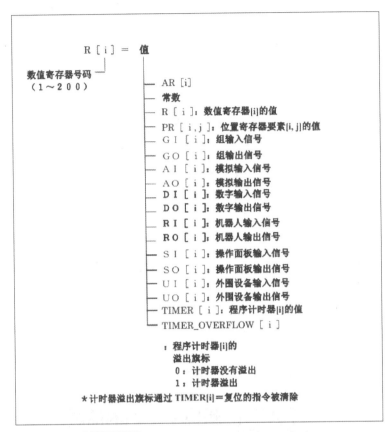

图 12-2-1　数值寄存器指令的格式和解释

2）位置寄存器指令：用于将位置数据存储到位置寄存器中，位置寄存器指令的格式和解释如图 12-2-2 所示。

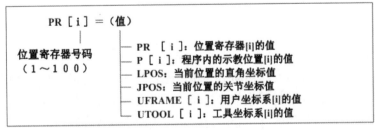

图 12-2-2　位置寄存器指令的格式和解释

3）位置寄存器要素指令：可修改位置寄存器中某个坐标的值，可用于位置偏移，位置寄存器要素指令的格式和解释如图 12-2-3 所示。

4）码垛寄存器运算指令：是进行码垛寄存器算术运算的指令。码垛寄存器运算指令的格式和解释如图 12-2-4 所示。

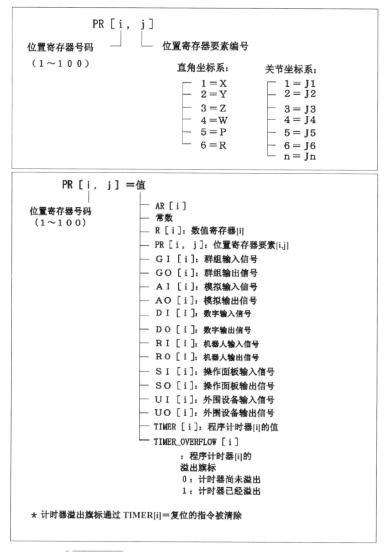

图 12-2-3　位置寄存器要素指令的格式和解释

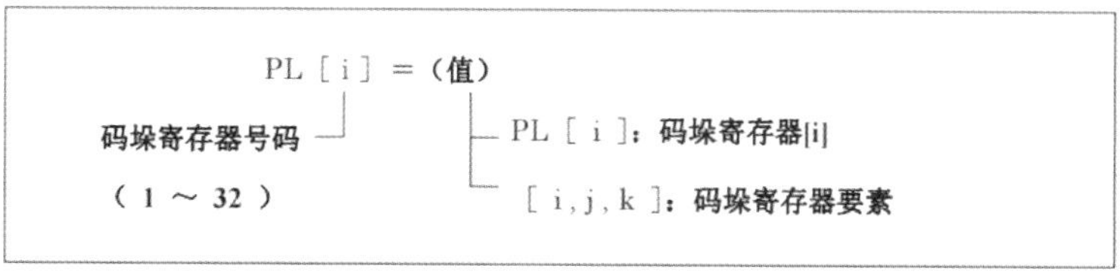

图 12-2-4　码垛寄存器运算指令的格式和解释

5）字符串寄存器、字符串指令：字符串寄存器是用于存储英文数字的字符串。在各自的寄存器中最多可以存储 254 个字符。字符串寄存器数标准为 25 个。字符串寄存器数可在控制启动时增加。字符串寄存器、字符串指令的格式和解释如图 12-2-5 所示。

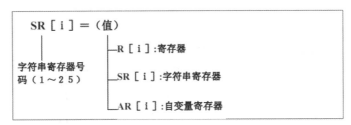

图 12-2-5　字符串寄存器、字符串指令的格式和解释

2. I/O 指令

I/O（输入/输出信号）指令是用于改变向外围设备的输出信号状态，或读取输入信号状态的指令，使用之前，信号必须已做分配。I/O 指令中能够选择的指令主要有以下几种：数字 I/O 指令、机器人 I/O 指令、模拟 I/O 指令、组 I/O 指令、标志指令。I/O 指令的系统画面如图 12-2-6 所示。

1）数字 I/O 指令：用户可以控制的输入/输出信号，该信号可由用户自由分配。

2）机器人 I/O 指令：与数字 I/O 类似，也由用户控制，但区别在于该 I/O 的接口位于机器人本体，因此在搬运系统中通常只控制电磁阀，进而控制夹具的开闭，该信号是不可分配的。

3）模拟 I/O 指令：是连续值的输入/输出信号，该值表示为温度和电压之类的数据，在焊接中输出模拟量以控制焊机输出功率。

4）组 I/O 指令：可对多个数字输入/输出信号进行组合，即一个指令可控制多个信号输出。

5）标志指令：用户可用于标记程序中的某一种状态，与数字 I/O 的区别是该信号无法向外输出，只能在程序内部使用。

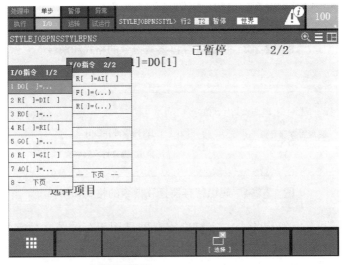

图 12-2-6　I/O 指令系统画面

3. 转移指令

转移指令用于使程序的执行从某一行转移到其他行。指令中能够选择的指令主要有以下几种：标签指令、程序结束指令、无条件跳转指令、条件跳转指令。

1）标签指令：可在程序中先建立标签，便于之后的无条件跳转指令或条件转移指令进行程序的跳转。标签指令的格式和解释如图 12-2-7 所示。

图 12-2-7　标签指令的格式和解释

2）无条件跳转指令：该指令使用的前提是已建立对应的标签，否则运行时会提示报警。无条件跳转指令的格式和解释如图 12-2-8 所示。

```
JMP    LBL [i]
              └── 标签号码（1～32767）
```

图 12-2-8　无条件跳转指令的格式和解释

3）条件跳转指令：指令根据某一条件是否满足而从程序的某一行或某一程序转移到其他行或程序中使用。条件跳转指令的格式和解释如图 12-2-9 所示。

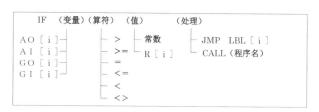

图 12-2-9　条件跳转指令的格式和解释

4. 等待指令

等待指令用于在所指定的时间或条件得到满足之前使程序执行等待。等待指令中能够选择的指令主要有以下几种：指定时间等待指令、条件等待指令。

1）指定时间等待指令：可使程序在指定时间内等待，度过等待时间后，程序继续运行，等待的时间单位为秒。指定时间等待指令的格式和解释如图 12-2-10 所示。

图 12-2-10　指定时间等待指令的格式和解释

2）条件等待指令：在指定的条件得到满足前，程序处于等待，指令后还可加入等待超时，使程序不会无限制停下来。条件等待指令的格式和解释如图 12-2-11 所示。

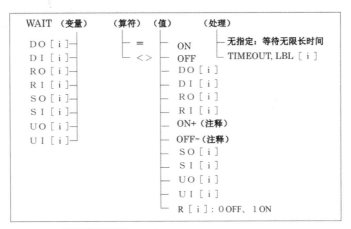

图 12-2-11　条件等待指令的格式和解释

5. 调用指令

调用指令用于在主程序中调用子程序。调用指令中能够选择的指令主要有以下几种：程序呼叫指令、程序结束指令。

1）程序呼叫指令：可在程序中调用程序，并且可在指令后追加参数 AR，即可在子程序中使用该参数的值。程序呼叫指令的格式和解释如图 12-2-12 所示。

图 12-2-12　程序呼叫指令的格式和解释

2）程序结束指令：使用在主程序中时，执行该指令程序立即停止，使用在子程序中时，执行该指令子程序立即结束，跳转回主程序中。程序结束指令的格式和解释如图 12-2-13 所示。

图 12-2-13　程序结束指令的格式和解释

任务实施

任务背景：根据本项目任务一中的机床上下料搬运系统来编写上下料程序。

第一步：创建快换夹具锁紧和释放程序。快换夹具锁紧程序见表 12-2-1，快换夹具释放程序见表 12-2-2。

项目 十二 工业机器人自动上下料搬运

表 12-2-1 快换夹具锁紧程序

序号	程序	说明
程序名：KH_LOCK		
1	RO［1］=OFF	快换夹具锁紧
2	WAIT RI［3］=ON	等待夹具在机器人末端信号接通

表 12-2-2 快换夹具释放程序

序号	程序	说明
程序名：KH_UNLOCK		
1	RO［1］=ON	快换夹具释放
2	WAIT .50（sec）	等待 0.5s

第二步：创建夹具张开和夹紧程序。夹具张开程序见表 12-2-3，夹具夹紧程序见表 12-2-4。

表 12-2-3 夹具张开程序

序号	程序	说明
程序名：GP_OPEN		
1	RO［3］=OFF	夹具夹紧电磁阀断开
2	RO［2］=OFF	夹具打开电磁阀接通
3	WAIT RI［1］=ON	等待夹具打开到位信号接通

表 12-2-4 夹具夹紧程序

序号	程序	说明
程序名：GP_CLOSE		
1	RO［2］=OFF	夹具夹紧电磁阀断开
2	RO［3］=OFF	夹具打开电磁阀接通
3	WAIT RI［2］=ON	等待夹具夹紧到位信号接通

第三步：创建抓取快换夹具和放置快换夹具程序。以快换夹具 1 为例编写，如需在多个夹具中选择则需要另加条件判断语句。抓取快换夹具的程序见表 12-2-5，放置快换夹具的程序见表 12-2-6，程序中的位置如图 12-2-14 ~ 图 12-2-17 所示。

表 12-2-5 抓取快换夹具程序

序号	程序	说明
程序名：KH_ZQ		
1	WAIT(!RI［3］AND DI［113］)	等待（机器人末端无夹具）和（快换台夹具 1 处有夹具）
2	CALL KH_UNLOCK	调用快换夹具释放程序
3	PR［1］=PR［20］	将快换夹具 1 位置 PR20 赋值给终点位 PR1
4	PR［2］=PR［20］	将快换夹具 1 位置 PR20 赋值给过渡位 1PR2
5	PR［3］=PR［20］	将快换夹具 1 位置 PR20 赋值给过渡位 2PR3

229

（续）

序号	程序	说明
6	PR［2,3］= PR［2,3］+100	过渡位 1 PR2 在 Z 轴正方向 +100mm
7	PR［3,3］= PR［3,3］+300	过渡位 2 PR3 在 Z 轴正方向 +300mm
8	J PR［10］100% FINE	关节移动到机器人起始位 PR10
9	J PR［2］100% FINE	关节移动到过渡位 1 PR2
10	L PR［1］100mm/sec FINE	直线移动到终点位 PR1
11	CALL KH_LOCK	调用快换夹具锁紧程序
12	L PR［3］500mm/sec FINE	直线移动到过渡位 2 PR3
13	J PR［10］100% FINE	移动到机器人起始位 PR10

表 12-2-6　放置快换夹具程序

序号	程序	说明
	程序名：KH_FZ	
1	WAIT（RI［3］AND !DI［113］）	等待（机器人末端有夹具）和（快换台夹具1处无夹具）
2	PR［1］=PR［20］	将快换夹具 1 位置 PR20 赋值给终点位 PR1
3	PR［2］=PR［20］	将快换夹具 1 位置 PR20 赋值给过渡位 1PR2
4	PR［3］=PR［20］	将快换夹具 1 位置 PR20 赋值给过渡位 2PR3
5	PR［2,3］= PR［2,3］+100	过渡位 1 PR2 在 Z 轴正方向 +100mm
6	PR［3,3］= PR［3,3］+300	过渡位 2 PR3 在 Z 轴正方向 +300mm
7	J PR［10］100% FINE	关节移动到机器人起始位 PR10
8	J PR［3］100% FINE	关节移动到过渡位 2 PR3
9	L PR［1］100mm/sec FINE	直线移动到终点位 PR1
10	CALL KH_UNLOCK	调用快换夹具释放程序
11	L PR［2］500mm/sec FINE	关节移动到过渡位 1 PR2
12	J PR［10］100% FINE	移动到机器人起始位 PR10

图 12-2-14　起始位

图 12-2-15　过渡位 1 PR2

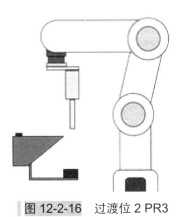

图 12-2-16　过渡位 2 PR3

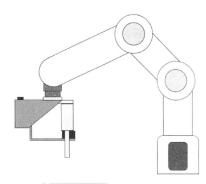

图 12-2-17　终点位 PR1

第四步：创建判断毛坯抓取位和判断成品放置位的程序，判断过程中由低到高。判断毛坯抓取位的程序见表 12-2-7，判断成品放置位的程序见表 12-2-8。

表 12-2-7　判断毛坯抓取位程序

序号	程序	说明
	程序名：KH_ZQ_PD	
1	LBL［99］	标签 99
2	FOR R［100］=101 TO 112	指定数值寄存器 R100 从 101 一直循环到 112，与库位的输入信号 DI101～DI112 地址一致
3	IF（DI［R100］）THEN	使用间接定义的方式，如果 DI101～DI112 中的某一位 =ON，则执行第 3 行到第 12 行之前的代码
4	R［101］=R［100］-79	将数值寄存器 R100 减去 79 并将数值赋值给 R101，因为库位 A1 的位置寄存器从 PR22 开始
5	PR［1］=PR［R［101］］	将库位 A1 位置 PR22 赋值给终点位 PR1（假定当前 DI101=ON）
6	PR［2］=PR［R［101］］	将库位 A1 位置 PR22 赋值给过渡位 1 PR2
7	PR［3］=PR［R［101］］	将库位 A1 位置 PR22 赋值给过渡位 2 PR3
8	PR［4］=PR［R［101］］	将库位 A1 位置 PR22 赋值给过渡位 3 PR4
9	PR［2,2］= PR［2,2］-300	过渡位 1 PR2 在 Y 轴负方向 +300mm
10	PR［3,3］= PR［3,3］+50	过渡位 2 PR3 在 Z 轴正方向 +50mm
11	PR［4,2］= PR［4,2］-300	过渡位 3 PR4 在 Y 轴负方向 +300mm
12	PR［4,3］= PR［4,3］+50	过渡位 3 PR4 在 Z 轴正方向 +50mm
13	END	搜寻到库位并赋值后，直接结束该程序，跳转回主程序，避免继续搜索后面的库位
14	ENDIF	结束 IF 语句
15	ENDFOR	如果数值寄存器 R100≥112，运行至 ENDFOR 则循环结束
16	WAIT 2.00（sec）	等待 2s，避免过度消耗资源
17	JMP LBL［99］	12 个库位中未搜寻到，跳转标签 99 重新搜索

表 12-2-8　判断成品放置位程序

序号	程序	说明
	程序名：KH_FZ_PD	
1	LBL［99］	标签 99
2	FOR R［100］=101 TO 112	指定数值寄存器 R100 从 101 一直循环到 112，与库位的输入信号 DI101～DI112 地址一致
3	IF（!DI［R100］）THEN	使用间接定义的方式，如果 DI101～DI112 中的某一位 =OFF，则执行第 3～12 行之前的代码
4	R［101］=R［100］-79	将数值寄存器 R100 减去 79 并将数值赋值给 R101，因为库位 A1 的位置寄存器从 PR22 开始依次存放
5	PR［1］=PR［R［101］］	将库位 A1 位置 PR22 赋值给终点位 PR1（假定当前 DI101=OFF）
6	PR［2］=PR［R［101］］	将库位 A1 位置 PR22 赋值给过渡位 1 PR2
7	PR［3］=PR［R［101］］	将库位 A1 位置 PR22 赋值给过渡位 2 PR3
8	PR［4］=PR［R［101］］	将库位 A1 位置 PR22 赋值给过渡位 3 PR4
9	PR［2,2］= PR［2,2］-300	过渡位 1 PR2 在 Y 轴负方向 +300mm
10	PR［3,3］= PR［3,3］+50	过渡位 2 PR3 在 Z 轴正方向 +50mm
11	PR［4,2］= PR［4,2］-300	过渡位 3 PR4 在 Y 轴负方向 +300mm
12	PR［4,3］= PR［4,3］+50	过渡位 3 PR4 在 Z 轴正方向 +50mm
13	END	搜寻到库位并赋值后，直接结束该程序，跳转回主程序，避免继续搜索后面的库位
14	ENDIF	结束 IF 语句
15	ENDFOR	如果数值寄存器 R100≥112，运行至 ENDFOR 则循环结束
16	WAIT 2.00（sec）	等待 2s，避免过度消耗资源
17	JMP LBL［99］	12 个库位中未搜寻到，跳转标签 99 重新搜索

第五步：创建毛坯抓取和成品放置的程序，毛坯抓取程序见表 12-2-9，成品放置程序见表 12-2-10，程序中的位置如图 12-2-18～图 12-2-23 所示。

表 12-2-9　毛坯抓取程序

序号	程序	说明
	程序名：LTK_ZQ	
1	J PR［10］100% FINE	关节移动到机器人起始位 PR10
2	CALL GP_OPEN	调用夹具张开程序
3	CALL LTK_ZQ_PD	调用判断毛坯抓取位程序（获取毛坯的位置）
4	J PR［11］100% FINE	关节移动到立体库过渡位 PR11
5	L PR［2］100mm/sec FINE	直线移动到过渡位 1 PR2
6	L PR［1］100mm/sec FINE	直线移动到终点位 PR1
7	CALL GP_CLOSE	调用夹具夹紧程序
8	L PR［3］100mm/sec FINE	直线移动到过渡位 2PR3

(续)

序号	程序	说明
9	L PR [4] 100mm/sec FINE	直线移动到过渡位3PR4
10	L PR [11] 100mm/sec FINE	直线移动到立体库过渡位PR11
11	J PR [10] 100% FINE	关节移动到机器人起始位PR10

表12-2-10 成品放置程序

序号	程序	说明
	程序名:LTK_FZ	
1	J PR [10] 100% FINE	关节移动到机器人起始位PR10
2	CALL LTK_FZ_PD	调用判断成品放置位程序(获取放置成品的位置)
3	J PR [11] 100% FINE	关节移动到立体库过渡位PR11
4	L PR [4] 100mm/sec FINE	直线移动到过渡位3PR4
5	L PR [3] 100mm/sec FINE	直线移动到过渡位2PR3
6	L PR [1] 100mm/sec FINE	直线移动到终点位PR1
7	CALL GP_OPEN	调用夹具打开程序
8	L PR [2] 100mm/sec FINE	直线移动到过渡位1PR2
9	L PR [11] 100mm/sec FINE	直线移动到立体库过渡位PR11
10	J PR [10] 100% FINE	关节移动到机器人起始位PR10

图12-2-18 机器人起始位PR10

图12-2-19 立体库过渡位PR11

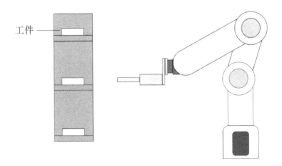

图12-2-20 过渡位1 PR2

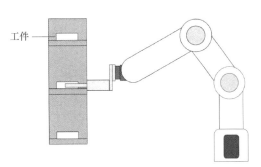

图12-2-21 终点位PR1

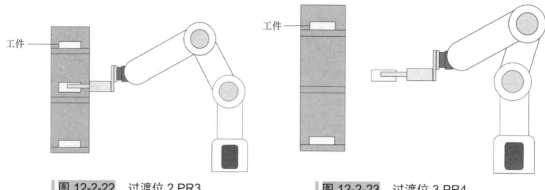

图 12-2-22　过渡位 2 PR3　　　图 12-2-23　过渡位 3 PR4

第六步：创建平口钳张开和夹紧程序。平口钳张开程序见表 12-2-11，平口钳夹紧程序见表 12-2-12。

表 12-2-11　平口钳张开程序

序号	程序	说明
	程序名：PKQ_OPEN	
1	DO [104]=OFF	平口钳夹紧电磁阀断开
2	DO [103]=ON	平口钳打开电磁阀接通
3	WAIT 2.00（sec）	等待 2s

表 12-2-12　平口钳夹紧程序

序号	程序	说明
	程序名：PKQ_CLOSE	
1	DO [103]=OFF	平口钳打开电磁阀断开
2	DO [104]=ON	平口钳夹紧电磁阀接通
3	WAIT 2.00（sec）	等待 2s

第七步：创建机床门打开和关闭程序。机床门打开程序见表 12-2-13，机床门关闭程序见表 12-2-14。

表 12-2-13　机床门打开程序

序号	程序	说明
	程序名：DOOR_OPEN	
1	DO [102]=OFF	机床门关闭电磁阀断开
2	DO [101]=ON	机床门打开电磁阀接通
3	WAIT（DI [121] AND DI [122]）	等待机床门开到位 1 和机床门开到位 2

表 12-2-14 机床门关闭程序

序号	程序	说明
	程序名：DOOR_CLOSE	
1	DO［101］=OFF	机床门打开电磁阀断开
2	DO［102］=ON	机床门关闭电磁阀接通
3	WAIT（DI［123］AND DI［124］）	等待机床门关到位1和机床门关到位2

第八步：创建机床上料和机床下料的程序。机床上料程序见表12-2-15，机床下料程序见表12-2-16。程序中的位置如图 12-2-24～图 12-2-27 所示。

表 12-2-15 机床上料程序

序号	程序	说明
	程序名：MC_SL	
1	J PR［10］100% FINE	关节移动到机器人起始位 PR10
2	PR［1］=PR［19］	将库位 A1 位置 PR22 赋值给终点位 PR1
3	PR［2］=PR［19］	将库位 A1 位置 PR22 赋值给过渡位 1PR2
4	PR［2,3］= PR［2,3］+100	过渡位 1 PR2 在 Z 轴正方向 +100mm
5	CALL DOOR_OPEN	调用机床门打开程序
6	CALL PKQ_OPEN	调用平口钳张开程序
7	J PR［12］100% FINE	关节移动到机床过渡位 1 PR12
8	J PR［13］100% FINE	关节移动到机床过渡位 2 PR13
9	L PR［2］100mm/sec FINE	直线移动到过渡位 1 PR2
10	L PR［1］100mm/sec FINE	直线移动到终点位 PR1
11	CALL PKQ_CLOSE	调用平口钳夹紧程序
12	CALL GP_OPEN	调用夹具打开程序
13	L PR［2］100mm/sec FINE	直线移动到过渡位 1 PR2
14	L PR［13］100mm/sec FINE	直线移动到机床过渡位 2 PR13
15	J PR［12］100% FINE	关节移动到机床过渡位 1 PR12
16	CALL DOOR_CLOSE	调用机床门关闭程序
17	DO［105］=PULSE,3.0sec	机床启动加工

表 12-2-16 机床下料程序

序号	程序	说明
	程序名：MC_XL	
1	J PR［10］100% FINE	关节移动到机器人起始位 PR10
2	CALL DOOR_OPEN	调用机床门打开程序
3	CALL GP_OPEN	调用平口钳张开程序
4	J PR［13］100% FINE	关节移动到机床过渡位 2 PR13

(续)

序号	程序	说明
5	L PR [2] 100mm/sec FINE	直线移动到过渡位 1 PR2
6	L PR [1] 100mm/sec FINE	直线移动到终点位 PR1
7	CALL GP_CLOSE	调用夹具夹紧程序
8	CALL PKQ_OPEN	调用平口钳张开程序
9	L PR [2] 100mm/sec FINE	直线移动到过渡位 1 PR2
10	J PR [13] 100% FINE	关节移动到机床过渡位 2 PR13
11	J PR [12] 100% FINE	关节移动到机床过渡位 1 PR12

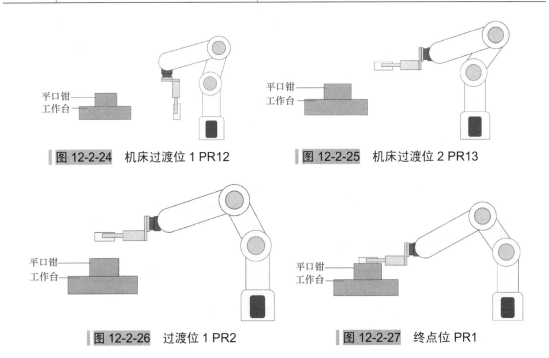

图 12-2-24 机床过渡位 1 PR12　　图 12-2-25 机床过渡位 2 PR13

图 12-2-26 过渡位 1 PR2　　图 12-2-27 终点位 PR1

第九步:创建主程序。将前面创建的程序都放入该主程序中进行调用,在该程序的基础上再添加一些逻辑判断,就可以完成持续的机床上料与下料工作。主程序见表 12-2-17。

表 12-2-17 主程序

序号	程序	说明
	程序名:MAIN	
1	CALL KH_ZQ	调用抓取快换夹具程序
2	CALL LTK_ZQ	调用毛坯抓取程序
3	CALL MC_SL	调用机床上料程序
4	CALL MC_XL	调用机床下料程序
5	CALL LTK_FZ	调用成品放置程序
6	CALL KH_FZ	调用放置快换夹具程序

项目 十二 工业机器人自动上下料搬运

项目评价

项目十二评价表

验收项目及要求		配分	配分标准	扣分	得分	备注
机器人联动	机床自动上下料加工流程编写	100	机器人从夹具1位置抓取气爪并输出→机器人从A2位置抓取物料,输出→自动门开→平口钳松开→将毛坯上料至机床,到达机床门前→机器人放置毛坯,平口钳夹紧→机器人回退到位→自动门关→机床不进行零件真实加工,用延时30s替代(WAIT 30s)→延时到,机床门开→机器人下料运动至机床,进入机床→机器人抓取零件,平口钳松开→机器人回退到位→放置零件到B层B3位置→将机器人气爪放回原位置→流程结束 按照以上流程评分,每错一处扣10分			
安全生产	1. 自觉遵守安全文明生产规程 2. 保持现场干净整洁,工具摆放有序		1. 每违反一项规定扣3分 2. 发生安全事故,按0分处理 3. 现场凌乱、乱放工具、乱丢杂物、完成任务后不清理现场扣5分			
时间	8h		提前10min以上正确完成,加5分			

项目测评

1. 根据前面的内容编写出程序,并对位置进行示教。
2. 将编写的程序进行试运行。

参 考 文 献

［1］孟凯，翟志永 . 典型数控机床电气连接与功能调试［M］. 北京：机械工业出版社，2019.

［2］何四平 . 数控机床装调与维修［M］. 北京：机械工业出版社，2021.

［3］刘树青，吴金娇 . 数控机床电气设计与调试［M］. 北京：机械工业出版社，2019.

［4］饶楚楚，郑国平 . 数控机床电气控制与 PLC［M］. 北京：北京理工大学出版社，2019.

［5］张中明，吴晓苏 . 数控机床 PMC 程序编制与调试［M］. 北京：机械工业出版社，2021.

［6］北京赛育达科教有限责任公司，亚龙智能装备集团股份有限公司 . 工业机器人应用编程（FANUC）初级［M］. 北京：机械工业出版社，2021.

［7］龚仲华 . FANUC 数控 PMC 从入门到精通［M］. 北京：化学工业出版社，2020.

［8］胡金华，孟庆波，程文峰 . FANUC 工业机器人系统集成与应用［M］. 北京：机械工业出版社，2022.

［9］朱强，赵宏立 . 数控机床故障诊断与维修［M］.3 版 . 北京：人民邮电出版社，2018.